스스로 만드는 공간
함께 만드는 동네

스스로 만드는 공간
함께 만드는 동네

초판 인쇄 발행 2022년 8월 30일

지은이 이종건
본문 사진 오롯컴퍼니
표지 사진 윤준식
편집 윤준식, 유민정
디자인 유민정

펴낸곳 도서출판 딥인사이트
출판신고 제2021-59호 | **주소** 서울특별시 성동구 아차산로 113 삼진빌딩 8125호

이메일 news@sisa-n.com
인터넷 신문 〈시사N라이프〉 www.sisa-n.com

ISBN | 979-11-977375-3-4 (13540)

ⓒ 이종건, 2022
※ 본 책은 저작자의 지적 재산으로서 무단 전재와 복제를 금합니다.

DIT를 위한
안내서

스스로 만드는 공간
함께 만드는 동네

이종건
지음

Deep
Insight

<추천사>

   이 책은 커뮤니티 디자인과 이를 실현하는 방법론으로서의 DIT 과정을 소개하고 있다. 〈오롯컴퍼니〉는 DIT(Do It Together) 개념이 국내에 처음 소개되던 때부터 DIT 마스터로 주요 DIT 행사에 참여하고 있다. 현재까지 활동 중인 자신들의 이야기 속에서 우리가 살아가는 도시공간과 그곳에서 벌어지는 삶에 대한 애정, 미래지향적인 방법론을 발견할 수 있다. 이웃과 함께, 또는 마음 맞는 벗들과 함께 멋진 공간을 만들어보기를 희망하는 분들이 이 책을 읽고 DIT를 발전시켜보기를 제안한다.

- 태백도시재생지원센터 권상동 센터장

   2019년 국내에서 처음 'DIT'라는 방식을 만들 때, 가장 먼저 떠올린 사람이 이종건 대표였다. 그는 한 권의 책 속에 〈오롯컴퍼니〉만의 방식으로 오롯이 만들어 온 오롯식 DIT 이야기를 담았다. 그동안 여러 DIT 현장 경험에서 비롯한 에피소드들을 통해, 앞으로 DIT에 참여할 이들에게 들려주고 싶은 자신들의 속 이야기를 엿볼 수 있다. 나아가 〈오롯컴퍼니〉가 제안하고 싶은 표준화 모델도 언급하고 있어 DIT의 이모저모를 깊이 있게 알아보게 했다.

- 건축공간연구원(AURI) 윤주선 박사

그간 〈주식회사 지방〉은 다양한 DIT 행사를 주최했다. 이종건 대표는 그 현장에서 활약해온 인물로, DIT 마스터 중에서도 가장 인상 깊은 동료다. 이번에 그간의 고민과 경험을 담은 DIT 책자를 펴내 기쁘게 생각한다. 모든 창조성은 만드는 행위에서 나온다. DIT는 혼자가 아닌 집단의 창조 행위다. DIT를 활용해 도시를 만들어가는 〈오롯컴퍼니〉는 우리로 하여금 도시를 한층 더 창의적으로 바라보게 한다.

- 주식회사 지방 조권능 대표

<프롤로그>

　강원도에서 태어나 서울 근교에서 5곳의 초등학교를 거치며 학창시절을 보냈다. 성인이 된 이후로는 강원도, 전라도 등을 두루 거쳐 살았다.

　집이 없는 이유가 노력 부족 때문이 아니라고 생각했다. 불안정한 주거는 나와 우리의 문제이며, 사회의 문제였다. 주거권과 정주성에 대한 고민으로 도시재생지원센터에서 근무했고, 이어 광역센터 갈등관리자로 근무하다 도시재생 분야 사회적기업으로 창업했다.

　스스로 주거권을 확립하기 위해 DIY 창업 공간을 꾸몄고, 나와 비슷한 처지의 사람들을 위해 DIY 시공교육을 만들었다. 그렇게 쇠퇴지역의 공동체 형성을 위한 주민사랑방을 주민들이 DIY로 만들 수 있도록 DIY 시공교육과 커뮤니티 디자인을 결합한 'DIT 프로그램'을 만들었다. 이 책은 그 프로그램에 대한 이야기를 담고 있다.

스스로도 가난한 청년으로 반지하와 지하 공간에서 창업하고 거주하고 있다. 지난 4년 동안 2번의 침수를 겪으며 곰팡이와 사투를 벌였다. 반지하에 사는 많은 사람이 좀 더 건강한 공간에서 생활하도록 리빙랩 〈곰팡이 연구소〉를 설립하고, 곰팡이가 생기는 원인을 연구하고 건강한 공간을 위한 효율적인 시공법을 개발하기 위해 힘쓰고 있다.

지속가능함의 제1원칙으로 자생력을 꼽는다.
스스로 지속할 수 있는 힘이 지역 공동체를 이끌고,
이것이 하드웨어의 지속성으로 이어진다.

상당한 쇠퇴가 진행되고 인구가 줄어든 지역에서
동일한 예산으로, 크고 화려한 공간 하나보다
작고 주민 삶에 밀착한 소소한 공간'들'이 생기는 게 더 낫지 않을까.

취향과 라이프스타일에 맞게 공간을 스스로 꾸미면서 얻은 기술은 공공 공간에서 사유 공간으로 확장된다.

DIY와 DIT가 지역에 미치는 영향은 이미 많이 연구되고 있다. 이에 박차를 가해 더 많이 공론화시키기 위해 'D스쿨'이라는 DIT 특화 프로그램을 개발하여 전국에 DIT 프로그램을 전파했다.

　이제 좀 더 효과적으로 DIT를 알리고 싶었다. 이때 만난 사람이 윤준식 편집장이다. 그는 〈오롯컴퍼니〉가 걸어온 길을 지지했고, 진심으로 DIT 문화가 전국에서 형성되길 바랐다.

　팟캐스트를 시작으로 자생력을 갖추기 위한 DIT 세계관을 구축하고 책으로 엮어내기에 이르렀다. 열악한 환경 속에서도 무엇인가 끊임없이 창조하도록 나를 이끄는 것이 있다.

　'스스로 만드는 공간, 함께 만드는 동네.'

　이 책은 마을을 만드는 큰 세계관의 일부다.

　도시재생은 단순한 활성화가 아니라 내발적으로 동기부여된 주민들의 힘으로 활기를 띠어야 한다. 한때 번성했다가 쇠퇴한 원도심에 외부의 압력이 들어가 급히 살아난 활성화는 정책 예산이 떨어지면 더 극심한 공동화와 공동체 해체를 야기한다.

　도시재생 지역과 농산어촌 지역에서 DIY와 DIT로 만들어진 공간만이 주는 힘이 있다.

"이 책상 내가 만들었어", "저기 저 간판 내가 칠했어"와 같은 말이 자주 회자되는 주민 모임을 상상하자. 주민들에게 자립을 위한 의지를 다질 수 있는 초석을 만들어주자.

이 책이 그 초석이 되리라 믿으며, 쇠퇴도시 및 농산어촌의 자립을 응원한다.

이 책을 시작으로 지역 곳곳에 자생력 있는 공간이 탄생하고 촘촘하고 단단한 주민 관계망이 형성되기를 기원한다.

_〈오롯컴퍼니〉 이종건

<이 책을 기획하기까지>

　이종건 대표와의 만남은 2020년으로 거슬러 올라간다. 당시 서울 강동구의 한 기관으로부터 청년들을 위한 로컬 창업을 주제로 강의 요청을 받았다. 강동구에 소재한 청년기업이며, 기업가정신이 강한 창업자를 만나 생생한 강동구 비즈니스 모험기를 듣고 참고하고 싶었다. 이것이 이종건 대표를 만난 결정적 동기가 되었다.

　그와 조우하는 순간 내가 찾던 인물을 만났음에 쾌재를 불렀다. 강의 시작까지 남은 2시간 동안 최대한 강동구를 알려 달라고 요청했고, 그의 호의로 어느 때보다 깊고 알찬 시간을 보냈다.

　잰걸음으로 〈오롯컴퍼니〉가 시공한 카페에 방문해 공간과 가구를 견학했고, 강동구의 거리를 총총 가로지르며 빠른 대화를 이어갔다. 죽이 척척 맞아 즐거웠다. 어느새 우리는 한 팀이 되어 도시와 로컬, 창업과 창업자, 마을활동가의 세계에 대한 이야기를 나눴다.

이후 2021년 여름, 취재를 계기로 이종건 대표와 만남을 이어가게 되었다. 당시 독자로부터 "소상공인과 스몰비즈니스에 종사하는 이들에게 적합한 ESG(* 환경·사회·지배구조의 약자로, 기업의 사회적 영향과 지속가능성을 측정하는 요소) 이야기를 해달라"는 리퀘스트를 받았는데, 내가 집중하고 있는 주제인 '로컬 창업'과 병행시키려니 어려웠다.

어떻게 해야 공동체의 구성원인 주민 스스로 창의적인 발상을 통해 지속가능한 도시를 만들어갈 수 있을까가 몹시 궁금한데, '로컬, 지역재생, 주민공동체' 등의 복합적인 화제로 이야기를 나눌 사람이 드물었다. 가장 가까운 거리에 있는 사람이 이종건 대표였다. 가벼운 만남을 예상했지만, 도시와 공동체에 대한 난상토론이 길어지며 1박 2일의 태백행이 이루어졌다.

나는 이종건 대표의 안내로 지역재생과 주민공동체의 중요성, 청년 귀촌과 창업에 대한 생각을 재정립할 수 있었다. 지역재생을 위한 노력으로 형성된 몇몇 스폿에도 들렀는데, 그중 가장 인상 깊은 곳은 '장성 탄탄마을 집수리지원단' 공간이었다.

처음에는 이 공간에 부정적인 생각이 앞섰다. "안 그래도 인구가 격감 중인 태백 장성 마을인데, 이런 공간을 자치적으로 운영하며 노후된 집수리를 지원할 정도의 전문성을 주민들에게 바랄 수 있겠느냐"며 비판만 늘어놓았다. 한시성을 지닌 도시재생지원센터가 사라지면 이 또한 방치될지 모른다고 말이다.

이에 이종건 대표는 "도시재생의 깊은 의미는 주민 스스로 자신이 사는 도시에 관심을 기울이고, 성숙한 주민의 집단역량으로 도시를 재생해나가는 것"이라 설명했다. 나는 도시재생의 슬로건만 읽었지, 도시재생이 무엇인지 관심을 갖지 않았던 나를 반성했다. 단어로 표면적 의미만 유추하고, 본질이 무엇인지는 알려 하지 않았다.

이후 그와 나는 문제의식을 거듭 공유했다. 주민이 된다는 것은 무엇인지, 정주定住한다는 것은 무엇인지, 청년이 마을을 떠나지 않는 것은 왜 중요한지. 그 와중에 영화 〈홍반장〉의 리메이크 드라마 〈갯마을 차차차〉가 방영되었고, 이를 소재로 공동체에 대한 이야기가 가속화되었다.

이쯤 DIT 이야기가 나왔다. 나는 DIT를 "Do It Together"의 줄임말인 것과 군산의 〈주식회사 지방〉이 진행한 행사의 사례 정도로만 알고 있었다. 그러나 이에 대한 이종건 대표의 생각은 넓고 깊다. DIT는 단순한 시공이 아니라 공동체를 조직해나가는 '커뮤니티 디자인'의 일환이며, DIT를 기획하고 주도하는 사람들은 창의적인 활동가로 〈갯마을 차차차〉의 '홍두식' 같은 존재라는 거였다.

우리는 DIT 이야기를 팟캐스트로 만들어보기로 했다. 다른 일을 하면서도 들을 수 있는 오디오 콘텐츠의 장점 때문이었다. 녹음은 세 번에 걸쳐 진행되었고, 총 9회의 에피소드로 업로드했다. 이종건 대표의 평소 생각이 많아 별도의 대본도 필요 없었고, 날 것 그대로 이면서도 좋은 내용을 수록할 수 있었다.

그로부터 또 반년이 흘러 팟캐스트 녹취록을 보강해 책으로 내게 되었다. 곱씹을수록 커뮤니티 디자인의 가치를 품은 'DIT'는 노후된 주거환경 개선과 공동체 활성화, 나아가 로컬 활성화를 위한 기초가 되어줄 멋진 도구라는 생각이 든다.

이런저런 일을 함께 겪으며 나는 자연스럽게 〈오롯컴퍼니〉의 일원이 되었다. 처음에는 비즈니스 공동체를 형성하는 한 사람의 크루crew였으나, 점점 애자일agile 조직으로 진화했다. 이는 언젠가 또 다른 기회에 이야기하는 걸로….

_ 발행인 윤준식

목 차

추천사　04

프롤로그　06

이 책을 기획하기까지　10

1부

오롯컴퍼니의 시작

– 커뮤니티 디자인 회사가 DIT를 연구한 이유

1장. 〈오롯컴퍼니〉의 시작,　18

2장. 마을공동체와 상생하는 기업의 길,　34

3장. 정주성 고민에서 시작한 리빙랩 '옥반지 프로젝트',　48

2부

DIT의 시작

– DIT 기획부터 실행까지

4장. 공공성이 두드러지는 '축제형 DIT',   78

5장. 5분 생활권의 활성화 '거점 공간형 DIT',   100

6장. 공유 공간 발전을 위해 만든 DIT 매뉴얼,   113

7장. DIT 워크숍 1일 차,   132

8장. DIT 워크숍의 마무리,   152

9장. '자원순환창고' 모델로 DIT의 순환을 기획하다,   174

에필로그   188

1부

오롯컴퍼니의 시작

커뮤니티 디자인 회사가
DIT를 연구한 이유

1장

<오롯컴퍼니>의 시작

윤준식 편집장 (이하 '윤'): 주민 스스로 도시를 지속가능하게 만들어가는 방법 중 하나가 DIT라고 생각하게 되었습니다. DIT 현장에서 두드러지는 기업 중 가장 빨리 찾아뵐 수 있는 곳이 <오롯컴퍼니>라 찾아뵈었습니다. DIT(Do it together)라는 말이 DIY(Do it yourself)에서 나온 말이잖아요?

<오롯컴퍼니> 이종건 대표 (이하 '오롯'): 이전부터 미국에서 함께 만드는 행위들을 'DIT'라고 말하고 있었어요. 지금은 다양한 도시재생 지역에서 공동체 프로그램의 형태로 공간을 개선하는 것을 지칭하고 있습니다. 우리나라에서도 국책연구소에서 이런 사례들을 발굴하고 있어요.

윤: 만나 뵙기 전 사전취재 과정에서 평소 아는 건축 관계자분들께 DIT에 대한 의견을 들어본다고 DIT 동영상과 현장 사진을 보여드렸더니 "이런 거 업체 입장에서는 단가가 안 맞는 일인데…"라는 이야기부터 하셨거든요. 사업자 입장에서는 DIT 프로그램을 진행하는 자체가 이익이 되지는 않는다는 이야기라서요.

그런 측면에서 본다면 〈오롯컴퍼니〉가 수익사업으로 DIT 프로그램을 추진하고 계신 건 아닌 듯한데, 기업의 비전과 미션 때문에 DIT 현장에 자주 참여하신 게 아닐까 생각했습니다. 그런 이유로 전문화되어 있는 조직 중 순수성을 갖고 있다고 여겨 깊이 있는 인터뷰를 하고 싶어졌습니다.

오롯: 〈오롯컴퍼니〉는 건설업 등록된 시공회사로 시공 인테리어 및 집수리 사업을 하고 있었는데, 커뮤니티 디자인을 하고자 동료들을 모았고 함께 지낼 공유 공간을 만들었다가 시공회사로 발전하게 되었어요. 원하는 공간을 직접 만들어주고 돈이 없으면 시공방법을 가르치며 같이 만들기도 하다 보니 DIT 프로그램으로 발전한 거죠. 무엇보다 도시재생에서의 공동체 작업들을 연결하고 싶은 욕망이 컸어요.

윤: 〈오롯컴퍼니〉를 설립하고 활동한 경위를 말씀해주시면 왜 이

런 일을 하고 계시는지 더 이해하기 쉬울 것 같습니다.

오롯: 저는 원래 건축가가 되고 싶던 건축학도였어요. 젊은 시절에 돈도 없고 해서 4년간 군장학금을 받고 7년 정도 군 생활을 했어요. 대학 졸업하고 군 생활이 끝나니까 35살인 거예요. 늦은 나이지만 목표대로 건축가가 되려면 설계사무소에 들어가야 하는데, 그렇게 하려면 어떤 건축가가 돼야 할지 많은 고민을 하며 전역했어요. 그러다가 "동네를 잘 아는 건축가가 되고 싶다"라는 생각을 했어요. 그래서 전역하자마자 동네를 공부했습니다.

당시 돈도 없고 여러 가지로 어디서 정착할지를 고민하다가 그냥 꽃이 많은 동네에 정착했는데, 알고 보니까 그곳이 도시재생 지역이었던 거예요. 그때가 2016년으로 서울에서도 도시재생 지역이 딱 7군데밖에 없을 때였는데, 필연인지 우연인지 모르겠지만 그곳에서 새로운 출발을 한 거죠.

그곳에서 도시재생대학을 알고 참여하게 되었고, 발굴된 주민으로 도시재생지원센터에 들어가 활동했습니다. 당시 정주성과 주거환경 개선에 대해 혼자 고민하고 있었는데, 주민활동을 하면서 저와 비슷한 생각을 하는 사람이 있다는 걸 깨달았어요.

윤: 중간에 굉장히 생소한 개념이 나왔는데, '발굴된 주민'이라는 말이 무슨 뜻인가요?

오롯: 도시재생 지역이라는 곳은 청년들이 줄어드는 지역이고, 그나마 있는 청년들은 일하러 다른 곳으로 가죠. 그래서 청년을 만나기가 쉽지 않습니다. 그런데 제 발로 찾아온 청년이 건축 전공자에다 디자인을 할 줄 아는 사람이니, 뭔가 발견했다는 느낌으로 저한테 '발굴된 주민'이라는 표현을 썼었고, 저는 이게 기분 나쁘지 않았어요. 제가 보석 같다는 느낌도 들었고요.

나중에는 전문가 위촉직이라고 해서 4대보험이 들어가는 건 아니지만 15일 출근하는 조건의 코디네이터로 일하게 됐어요. 당시에는 '건축가가 되기 위해 건축사 면허만 딸 게 아니라 이런 일도 함께하면 좋지 않을까?' 하는 가벼운 마음이었어요. 일도 하면서 건축가가 될 준비를 해야겠다는 생각이었죠.

윤: 앞서 '정주定住'라는 표현을 쓰셨는데, 일반인은 '정주행正走行'이라는 말은 알아도 '정주', '정주성'이라는 말이 생소하거든요?

오롯: "내가 살고 싶은 곳에 계속 살 수 있는 것"을 '정주하다'라고 표

현하는데 지역에 정주하게 할 수 있는 성질이나 정책들을 통틀어 '정주성'이라는 단어를 넣어 표현합니다.

윤: 그렇다면 도시재생대학을 통해 발굴된 주민이 되었고, 그 과정에서 그 지역에 좀 더 정주하고 싶은 마음이 생겼다, 이렇게 정리가 되네요.

오롯: 상도4동이라는 곳에 꽃이 많아 그 동네로 이사했고, 살게 된 동네를 공부하다가 도시재생지원센터를 만나게 됐고요. 제가 그렇게 됐던 것처럼 누군가에게도 똑같이 해주고 싶다는 생각이 들어서 도시재생지원센터에 들어가게 됐죠.

그때는 창업을 생각하지 않았어요. 저는 직장인이 되고 싶었어요. 그걸 위한 사전 단계처럼 받아들였고…. 그때 당시에 '도시재생'이라는 말은 인터넷에 검색해도 거의 안 나왔고, 관련 포럼에 가야 얘기가 나올 정도였으니까요. 여기서 특이 사항이 있는데, 제가 일반적인 근무를 하는 직장인이었으면 그런 포럼에 참여하지 못했을 거예요. 월 15일 출근이 기회가 된 거죠.

윤: 주 4일 정도의 근무였네요?

오롯: 평일 하루를 마음대로 쓸 수 있는 기회가 있었고, 우연이지만 일을 시작하게 되었으니 "도시재생이 왜 만들어졌을까", "어떤 이유로 만들어졌을까"가 궁금했어요.

그 시점에 막 도시재생 사업을 만들어내고 앞서 나가는 분들의 치열한 토론이나 포럼이 많이 열렸죠. 그래서 반드시 주 1회는 행사에 참석했습니다. 그게 저한테는 시야를 트이게 하는 계기가 되었고요.

윤: 말씀하신 것만 정리해보면 연구원으로 취업하신 것 같은데요?

오롯: 원래 제 성향이 연구하는 걸 좋아합니다. 나중에 만든 '리빙랩(곰팡이 연구소)'도 곰팡이에 호기심이 생겨서 연구하다가 기업부설 연구소가 되었어요.

그런데 기업을 시작한 건, 대출을 받을 일이 생긴 것이 계기였어요. 은행에 갔더니 대출을 받으려면 재직증명서를 떼어 오라고 하더군요. 근데 제가 4대보험이 적용되지 않는 고용형태였기 때문에 재직증명서를 뗄 수 없는 거예요. 너무 당황스러웠습니다. 구청에서 주도하는 도시재생지원센터에서 근무하고 있으나 구청 소속도 아니니 구청에서도 재직증명서를 떼줄 수 없다고 하더라고요.

그때 든 생각이 '나랑 비슷한 사람이 있겠구나!'였어요. 저랑 비슷한 처지의 코디네이터들은 스스로를 활동가라고 생각하고 있었고, 이런 활동가들을 모으다 보니 협동조합 법인을 설립해야겠다는 생각이 들었죠.

윤: 조직을 만든 거군요.

오롯: 조직화 훈련은 군 생활 하면서 많이 해왔기 때문에 체계적으로 할 수 있었고, 협동조합을 설립하려다 보니 사회적경제 공부도 심도 있게 시작했어요.

제가 대출을 받으러 갔던 곳이 공교롭게도 신협(신용협동조합)이었어요. 마침 거기서 청년들을 대상으로 사회적경제 강의를 하고 있었습니다. 금융기관에 갔다가 운명처럼 사회적경제를 만나게 되었죠.

근데 막상 시작하려니 협동이 안 되더라고요. 그래서 고민 끝에 협동조합 설립을 포기했습니다. 하지만 제가 준비하는 과정을 본 동료 코디네이터분이 "사회적기업을 해보는 게 어때?"라고 권유해주셔서 "주식회사면서 사회적인 공헌도 하면 더 좋겠다"고 생각했습니다.

그때 운이 좋았던 게, 그 동료 코디네이터분이 서울에 올라와 잠시 쉬는 셈 코디네이터 업무를 하고 계신 분이었는데, 기존에 사회적기업들을 키우는 일을 하셨던 분이었어요. 감사하게도 저에게 기업가로서의 자질이 보였다고 해요.

그때가 2017년 말인데 국토교통부에서 2018년에 도시재생 특화로 예비사회적기업을 선정했습니다. 공유 공간이 사회적 공헌이냐 사회적 활동이냐도 합의가 안 되어 있었을 시기인데, 제가 공부한 바에 따르면 도시재생의 시작점으로 공유 공간이 공동체를 만들 수 있는 공간이 되고, 기반조성 사업으로서 가치를 가진다는 합의는 되던 때였어요. 이에 공유 공간들을 만드는 아이템으로 사회적기업에 도전하게 된 거죠.

제가 도시재생 코디네이터였잖아요? 도시재생에 필요한 기업에 대해 계속 생각하고 있었고, 주민들을 교육하던 사람이니 당연히 제가 구상한 기업의 모습을 작성해 제출했더니 바로 선발된 거죠. 그러니까 진짜로 도시재생을 추구하는 기업이 만들어지게 된 거죠.

윤: 여기서 짚고 넘어가야 할 게, 도시재생의 개념이거든요? 저도 도시재생이라는 단어는 많이 들어봐서 익숙하긴 한데, "도시재생이 뭐

야?"라고 물어보면 스스로 답변하기가 어려워요.

오롯: 도시재생 사업 자체가 많은 변화를 거듭해 왔습니다. 서울에서 도시재생 선도사업으로 시작해 2017년 문재인 정부가 뉴딜 일자리 사업까지 확대하며 다양하고 복잡한 방식의 도시재생들을 시도했는데, 쉽게 얘기하면 '내가 살고 싶은 동네를 주민 스스로 만들게 하는 마중물 사업'이라고 보시면 됩니다.

또 사업은 계속 변형되더라도 전체적인 기조는 변하지 않거든요? 주민이 성장해서 직접 할 수 있도록 '도시재생대학' 같은 주민역량강화 사업이 이루어지고, 지역에 지속가능성을 부여하는 기반조성 사업들이 하드웨어 사업부터 소프트웨어 사업까지 작게는 1억, 크게는 200~300억 정도 투입되는 사업입니다.

윤: 당시에 〈오롯컴퍼니〉를 상도동에 설립하신 거죠? 검색해보면 지도 정보에 상도동에 있던 걸로 나와서요. 거기가 꽃이 아름다운 동네였고요.

오롯: "주변에 꽃이 많으면 마음이 따뜻한 사람이 많다"는 나름대로의 판단력으로 따뜻한 사람들이 있는 지역에 터를 잡고 싶었죠.

윤: "제비가 자기 집을 짓는 집이 그 동네에서 제일 친절하고 착한 사람의 집이다"라는 말처럼….

오롯: 처음부터 시공회사를 만들겠다는 목표는 아니었어요. '공동체 커뮤니티 활동을 하다 보면 어떻게든 되겠지….' 돈을 벌겠다고 창업 공간을 만들었던 게 아니라, 제가 코디네이터로, 갈등관리자로 활동

할 때 관공서에서 할 수 없었던 걸 하고 싶었어요. 피상적인 주민 만남이 아니라 서로 속 얘기도 하고 싶고, 술도 한잔하면서 밤새도록 동네에 대한 얘기도 하고 토론도 해보고 싶어서 당시 시장통 끝에 있는 창고를 개조해 공간을 만들었죠.

상도동 주민공동체

윤: 설립 목적은 커뮤니티 디자인이었지 원래는 시공회사가 아니었다?

오롯: 커뮤니티 디자인 자체, 그러니까 커뮤니티를 만들고 지원하는 게 목표고 그 수단으로 건설업을 택했다는 게 가장 정확한 대답이 될 것 같아요. '커뮤니티 디자인'이라는 게 공동체 조직화와 그걸 통해서 만들어지는 유형의 공간들, 인간관계를 모두 포함하는 용어더라고요.

사례를 찾아보면 "누군가가 어디에 들어가 사람들과 관계 형성이 돼서 마을이 변화했다"는 이야기가 많이 나와요. 일종의 '마을 만들기'라고 볼 수도 있고, 공동체가 형성되며 공간이 만들어지는 걸 수도 있고, 작은 단위에서 큰 단위까지 다 적용이 가능한 개념이라고 생각합니다.

윤: 그런 인프라가 필요하기 때문에 먼저 시공력을 갖추는 걸로 시작했군요.

오롯: 시공도 제가 해야겠다고 마음먹어서 시작한 게 아니에요. 필요한 공간을 동네 친구들과 함께 칠하고, 전기설비도 고쳐 꾸민 다음, 주민들을 초대해 계속 모임을 가졌거든요.

어느 날, 어느 주민이 창업을 한다면서 말씀하시는 거예요. "우리 공간도 좀 꾸며주면 안 돼?" 그게 첫 공사였는데, 매출액이 달랑 80만 원이었습니다. 지금 생각해보면 말도 안 되는 예산인데, 누군가 나한테 공사를 맡긴다는 것 자체가 무척 기뻤어요.

당시 든 재료비만 100만 원이에요. 건축학도 시절에 만들었던 건축모형처럼 1대 1 스케일의 모형을 만든다는 마음가짐으로 공사를 했습니다. 그런데 그냥 하면 재미없잖아요? 액션캠을 설치해 작업영상을 찍고, SNS에 올렸죠. 근데 그걸 보고 어떤 분이 "우리도 좀 해줘"라며 의뢰를 하신 거예요. 두 번째는 1천만 원이 넘는 공사였고, 기분이 정말 좋았어요. 세 번째 공사까지 3천만 원이 넘는 매출이 이어졌고, 자연스럽게 시공회사가 되었죠.

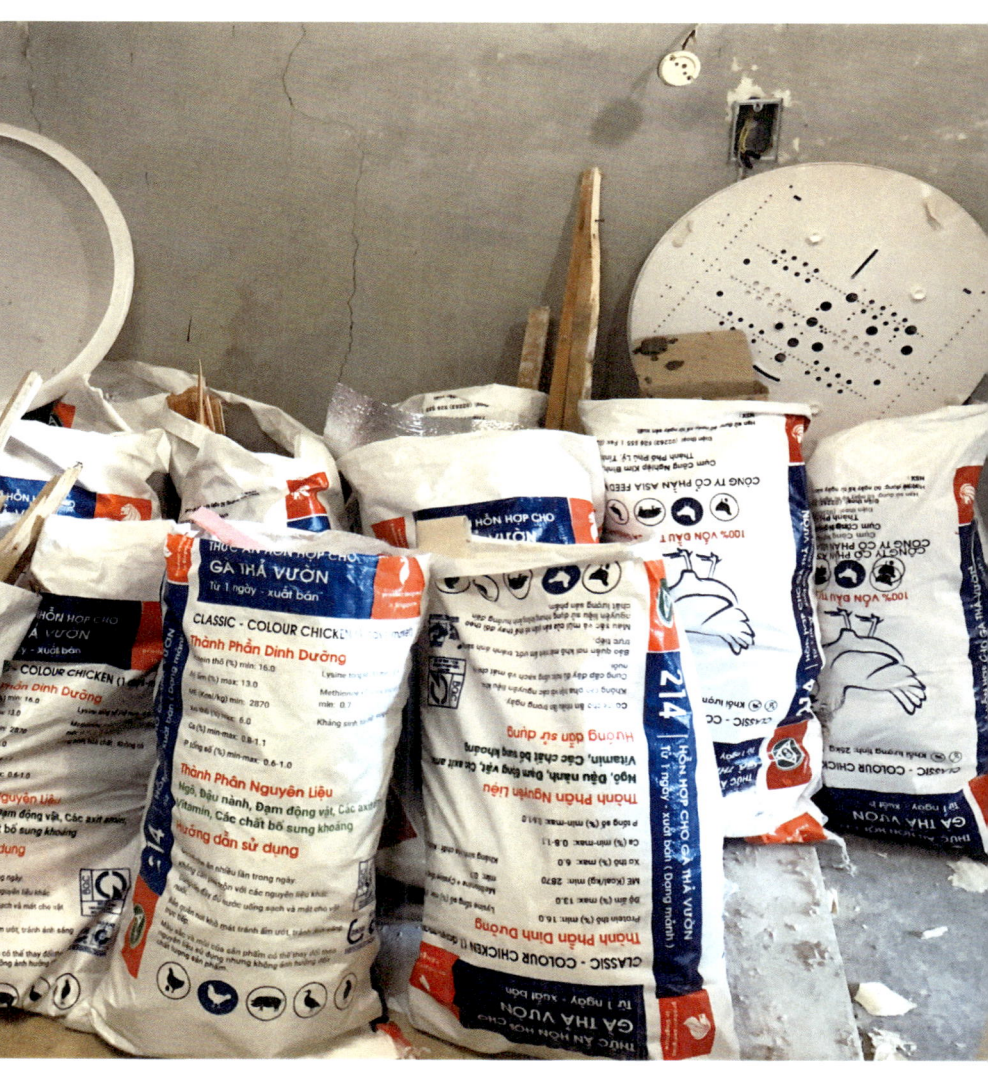

" '커뮤니티 디자인'이 공동체 조직화와 그걸 통해서 만들어지는 유형의 공간들, 인간관계를 모두 포함하는 용어더라고요. "

> 일종의 '마을 만들기'일 수도, 공동체가 형성되며 공간이 만들어지는 걸 수도 있는, 작은 단위에서 큰 단위까지 적용 가능한 개념입니다."

암사 D스쿨 (DIY 주민교육)

2장

마을공동체와 상생하는 기업의 길

윤: 〈오롯컴퍼니〉 설립 초창기에는 커뮤니티 디자인을 기획하고자 했는데, 어떻게 공간을 꾸미셨기에 "〈오롯컴퍼니〉 공간처럼 우리 가게도 꾸며 달라"는 주문이 들어온 건가요?

오롯: 주민들이 뭘 원하는지 궁금해했던 것이 시작이에요. 건축가가 꿈이다 보니 동네 사람들이 원하는 건축설계를 하고 싶었고, 회사까지 설립했으니 사업을 하더라도 커뮤니티 디자인을 고려해 주민들을 만났어요. 동네 아지트도 제가 살고 있는 동네 사람들이 어떤 욕망을 가지고 사는지 궁금해서 만든 거였는데, 그 공간이 본격적인 시공사업으로 이끌었죠.

저는 컬러를 다채롭게 쓰는 걸 좋아해서 전역하자마자 컬러리스트 기사 자격을 취득했어요. 이게 공간을 쉽게 바꾸는 방법이 됐고, 아지트에 계속 방문하는 주민들에게 비싸지 않게 꾸몄다고 하니까 "우리도 꾸며줘!" 했던 거죠. 마음에 들었나 봐요.

사업적으로 접근했던 게 아니라 저 스스로 연구자로서 순수하게 접근했고, 진심이 통했는지 순수하게 다가와 주셨어요. 주민들과 관계를 맺고 주민들의 니즈를 파악하고 싶어서 5개 정도의 공동체에 가입했어요. 자율방범대부터 시작해 시민 연대, 여성, 가족, 청소년 단체 등 다양한 단체에서 활동하느라 엄청 바빴어요.

술자리도 자주 가지며 커뮤니티를 형성했고, 주말에는 종교행사에도 갔어요. 저는 종교행사에 가서도 솔직하게 얘기합니다. "신앙심이 깊은 건 아니지만 여기에 괜찮은 청년들이 많다고 해서 왔는데 다녀도 되나요?" 그렇게 물어보면 당연히 다니라고 하죠. 그렇게 지역 주민들과 교류하며 연계를 맺고, 공감대를 쌓아갔습니다.

윤: 도시재생지원센터에서도 코디네이터보다는 연구원으로 활동했을 거라는 생각이 듭니다. 기업 설립 후에도 기업인답게 행동하지 않고 시민활동가처럼 생활하신 거잖아요.

오롯: 코디네이터 시절은 누가 가르쳐주지 않은 것을 스스로 연구하는 배움의 시간이었고, 이후에는 "습득한 것을 써먹고 싶다"는 생각으로 하고 싶은 걸 하기 위한 구조를 만든 거죠.

윤: 회사 이름하고도 관련이 있을 것 같아요. 지금 인터뷰를 진행하는 이 공간을 'D스쿨'이라고 소개하셨는데, 여기 보면 "오롯하다"라고 적힌 현판이 걸려있거든요?

오롯: '오롯'이라는 말이 순우리말로 "모자라지도 넘치지도 않게 온전하다"라는 뜻이에요. 회사 이름을 이렇게 지은 이유는 제가 생각한 것

을 흔들리지 않고 지속하면서 발전해나가고 싶어서였고, 한편으로는 우리 회사가 글로벌하게 나아갈 수도 있으니까 영어로 표현하기도 좋은 '오롯'이라고 지었습니다.

'컴퍼니'라는 말에는 "빵을 나눠 먹는다"는 뜻이 내포되어 있어요.

우리말로 표현하면 "한솥밥을 먹는다"는 뜻이죠. 공동체성을 내포한 회사로 만들고 싶어서 '오롯' 뒤에 '컴퍼니'를 붙여 〈오롯컴퍼니〉라 이름 지었습니다.

트렌드를 따르지 않고 저희 갈 길을 가니까 사람들이 자꾸 밈meme처럼 "참 오롯스럽다"라고 얘기하시더라고요. '오롯답다', '오롯스럽다'는 표현을 계속 쓰다 보니, "그래, 우리는 오롯하게 가자!"라고 자연스럽게 되뇌며 다짐하게 됩니다.

윤: '스스로 만드는 공간, 함께 만드는 동네'라는 주제로 이야기를 시작했는데, 자연스럽게 〈오롯컴퍼니〉의 역사로 이야기가 흘렀네요. 그럴 수밖에 없는 게 초창기 도시재생에서 단련되어 시공회사와 커뮤니티 디자인을 지향하는 기업활동을 하면서 거쳤던 일들이 DIT에 녹아들어 가 있다고 여겨지기 때문입니다.

이야기를 정리해 이어가면, 회사가 주민조직화로 활동을 시작한 거 잖아요?

오롯: '주민조직화'라고 말하면 수백 명의 큰 숫자일 것 같지만, 제가 생각하는 마을공동체는 작은 공동체들이 많아질 수 있는 분위기를

만드는 공동체라 생각하기 때문에 그런 의미의 주민조직화를 생각하면 됩니다.

군 생활을 오래 하며 갇힌 생활을 했다 보니 주민들과 밤새도록 술을 마실 수 있다는 것조차도 즐거웠어요. 다양한 사람과 친분을 쌓으면서 야유회도 따라가고 행사도 같이 하고…. 코디네이터 때는 일로 하던 것을 주민으로 돌아와 함께 참여하는 관계가 되니 더욱 재미있고 깊은 관계 맺기가 가능했죠.

윤: 저는 앞서 이야기하신 3번의 시공이 이후 〈오롯컴퍼니〉의 방향성을 바꿔 놓지 않았을까 하는 생각이 들었어요. 일단, 매출이 발생했잖아요?

오롯: 같이하는 친구들과 '어떻게 하면 지속가능한 회사를 만들 수 있을지' 서로 논의를 많이 했어요. "적정한 수익을 벌면서 커뮤니티 활동을 해나갈까?", "다른 활동들을 할까?" 논의해봤지만 합의를 이루기 쉽지 않았어요. 그래서 가치관을 공유하려는 노력들을 많이 했어요. 시공을 하면 돈을 많이 벌 수는 있을 것 같은데, 잘되면 잘 될수록 지역에 붙어있을 시간이 없는 거예요.

그때 '건설회사에 취업하는 것도 뿌리쳤는데 내가 왜 이걸 했지?'라는 생각이 들었어요. 전역하고 우리나라 모 대기업 건설사 소속으로 중동에 갔으면 군 생활 때 해외 파병 경력도 있어서 돈도 많이 벌고, 다양한 경험도 쌓을 수 있었어요. 그러나 저는 하고 싶은 일이 먼저였어요. 7년 동안 하고 싶은 걸 못 하니까 내가 하고 싶은 걸 해야겠다는 열망이 너무 강했고요.

그렇게 "어떻게 돈을 벌지?" 진지하게 생각들을 하다가, "처음 마음먹은 것처럼 일단 동네에서 할 수 있는 일을 해보자!"라고 해서 이어진 것이 '옥반지 프로젝트'였어요.

윤: 〈오롯컴퍼니〉 하면 타이틀처럼 따라붙는 게 '옥·반·지(옥탑방·반지하·지하 공간) 프로젝트'잖아요? 이것 말고 하나 더 있죠? '곰팡이 연구소'!

오롯: 당시 반지하, 옥탑방, 고시원을 뭉뚱그려 '지옥고'라 불렀는데, 〈오롯컴퍼니〉는 옥탑방, 반지하, 지하 공간을 다르게 보기로 했습니다. "'지옥고'를 탈출하는 '옥반지'"라는 이름을 붙여 프로젝트를 하게 되었죠.

그런데 '옥반지 프로젝트'를 하자니 창업 공간을 확대할 필요성을 느겼어요. 제대로 일하려면 장비실도 필요하고 여러 공간이 필요한데, 그런 공간들이 너무 비싼 거예요. 또, 저희가 같이 생활했거든요. 모든 스타트업이 그런 것처럼 저희도 사무실에서 자고 밤새고, 다 같이 연구할 공간이 필요했어요.

그래서 저렴하면서 일도 하고, 의식주도 해결할 수 있는 곳이 없을까를 계속 고민하다가 멤버 누군가가 "어차피 옥탑, 반지하, 지하 공간에 시공할 거고, 반지하가 있잖아?"라고 한 거예요. 생각해보니 반지하 하나로는 작을 수 있지만 같은 건물의 반지하 3~4개를 동시에 빌리면 되지 않을까 싶었죠.

"공사를 해서 곰팡이는 없애면 되고, 우리가 멋지고 새롭게 인테리어를 하면 되겠다"에 멤버 모두 찬성했어요. 사실 '옥반지 프로젝트'의 유사 사례는 미국의 개러지Garage 정신에서 찾아볼 수 있어요. 〈애플〉, 〈구글〉, 〈아마존〉 등을 보면 공통점이 있죠? 차고지에서 창업했다는 것인데요. "창업을 하려면 차고로 가야 한다"는 뜻은 아니고 헝그리 정신 같은 건데, 기업이 출발하는 스타트 지점에서 본질적인 것에 집중할 수 있도록 고정비가 적게 나가야 창업에 성공할 수 있다는 메시지가 들어있죠.

이런 것들을 다른 청년들한테도 알리고 비어있거나 열악한 공간들을 저희가 개선해주고, 돈이 없으면 스스로 개선할 방법을 교육해주자, 이렇게 사업과 운동을 콜라보해야겠다는 생각이 들었어요.

운이 좋아 '옥반지 프로젝트'가 서울시 혁신사업에 선정됐고, 마침 그때 영화 〈기생충〉이 아카데미 4관왕을 하면서 여러 매체들이 반지하 이슈들을 찾기 시작하며 언론에 노출이 많이 되었습니다. 덕분에

유명세를 타게 되었어요.

윤: 오래된 5층 이하 아파트나 연립주택, 빌라 같은 곳을 보면 반지하들이 있는데, 사실 그게 분단의 아픔에서 나온 거잖아요. 전쟁 시 방공호로 쓰기 위해 만들어진 건데, 전쟁이 나지 않으니까 주거 공간으로 변경되었죠.

오롯: 전쟁의 위험이 느껴지지 않는 데다 서울로 상경하는 인구가 많아지면서 주거 용도로 사용하게 되었죠. 그런데 방공호로 만들다 보니 주거 공간으로는 제대로 갖춰지지 못한 상태였죠.

특히 건축법상 층 제한으로 3층 건물로 짓지 못하는 경우, 편법으로 2층짜리 건물을 짓고 지상층 절반을 묻는 반지하 형태로 건물을 만들었어요. 그래서 서울의 반지하를 낀 주택을 보면 사실상 3층 집인 경우가 많습니다. 모든 반지하가 쉽게 개선되는 구조는 아니지만, 청년들이 활용 가치가 있는 곳을 저렴한 비용으로 이용하면 좋지 않을까? 하는 생각에 진행한 겁니다.

> "'컴퍼니'라는 말에는 "빵을 나눠 먹는다"는 뜻이 내포되어 있어요. 우리말로 표현하면 "한솥밥을 먹는다"는 뜻이죠. 공동체성을 내포한 회사로 만들고 싶어서 '오롯' 뒤에 '컴퍼니'를 붙여 〈오롯컴퍼니〉라 이름 지었습니다."

" 〈오롯컴퍼니〉는 옥탑방, 반지하, 지하 공간을 다르게 보기로 했습니다. 비어있거나 열악한 공간들을 저희가 개선해주고, 돈이 없으면 스스로 개선할 방법을 교육해주자, 이렇게 사업과 운동을 콜라보해야겠다. "

2장: 마을공동체와 상생하는 기업의 길

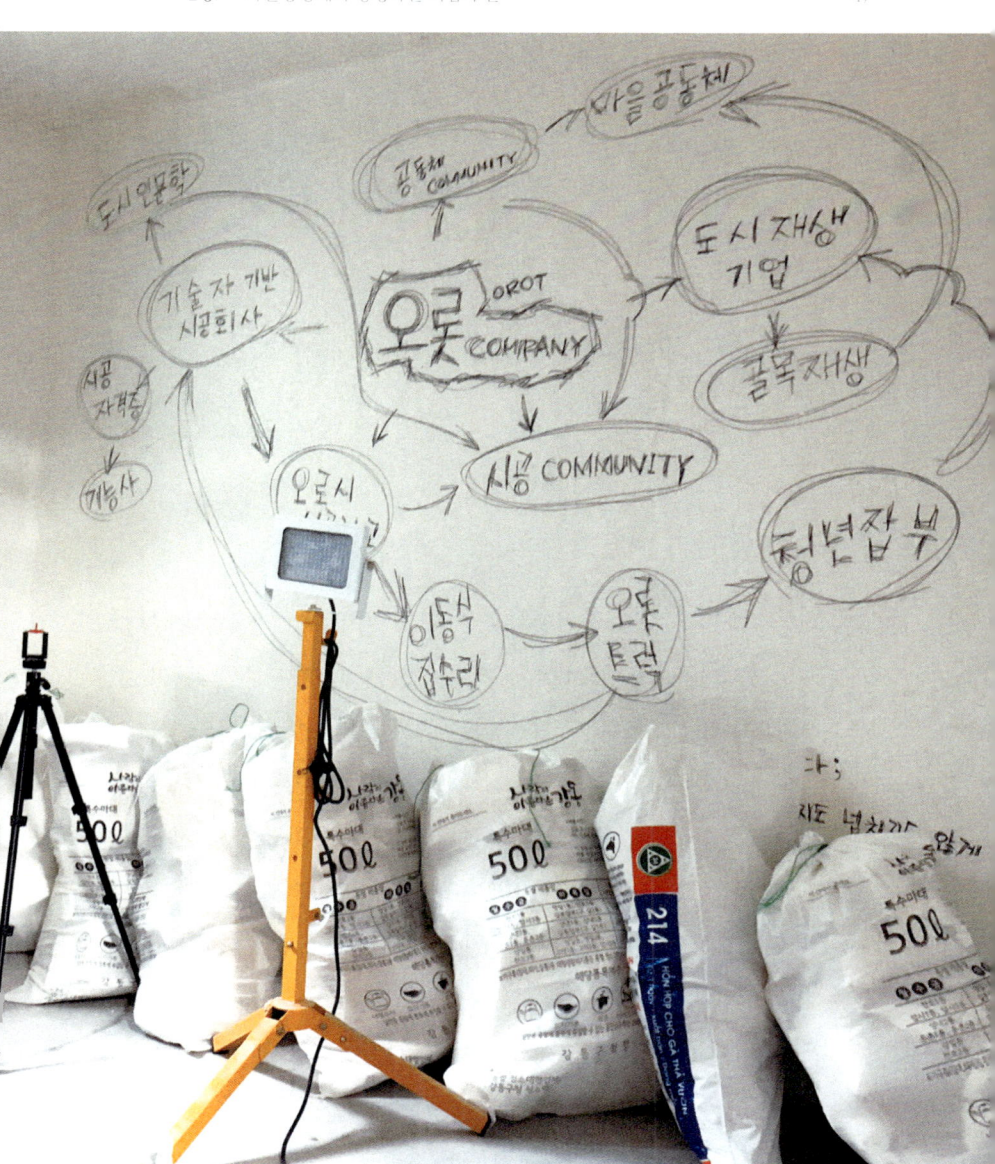

곰팡이 연구소

3장

정주성 고민에서 시작한 리빙랩
'옥반지 프로젝트'

오롯: '옥반지 프로젝트'를 진행하며 가장 큰 걸림돌로 작용한 건 "너라면 반지하에 들어가겠니?"라는 반감이었습니다. "왜 싫은데?"라고 물으니까 "곰팡이가 너무 많잖아!"라는 얘기들을 들었습니다.

시공 실험을 하려고 같은 건물의 반지하 3개소를 빌렸는데, 거기서 각종 곰팡이를 효과적으로 제거하는 연구를 하려고 당시 시판하는 각국의 다양한 곰팡이 제거제는 거의 다 사서 실험해본 것 같습니다.

곰팡이 제거제를 뿌려서 곰팡이를 죽인 뒤, 어떤 제품이 시공성이 좋고 효과가 좋은지를 관찰하게 되었죠. 어느 정도 제거제를 사용해

야 없어지는지를 살펴보다가, 우연히 욕실의 곰팡이와 장판 밑 곰팡이의 생김새와 색깔이 다르다는 것도 발견했어요. '같은 장소에 있는 곰팡인데 왜 모양이 다르지?' 의문을 가지면서 자세히 기록하기 시작했어요.

윤: 그럼 곰팡이 제거제도 곰팡이마다 다른 걸 써야 하는 건가요?

오롯: 곰팡이 제거제가 기본적으로는 겸용으로 쓸 수 있는 것들이긴 합니다. 상황에 따라 환기가 잘되는 실외에서는 강력한 곰팡이 제거

제를 쓰면 돼요. 그런데 실내에서 쓰려면 사람에게 최대한 무해하면서도 곰팡이는 잘 죽여야 하기 때문에 어떻게 사용하는 것이 더 적절한지를 실험했죠. 하다 보니 이 연구가 재미있었고, 자연스럽게 '리빙랩'이 형성되었어요.

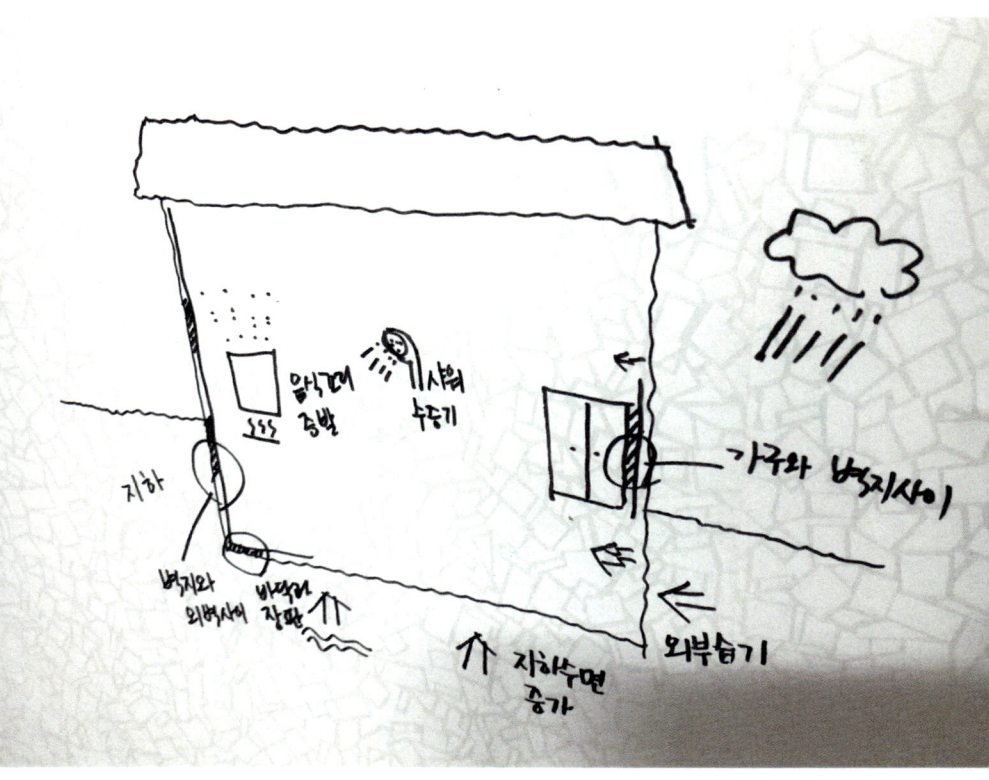

'리빙랩Living lab'은 어떤 연구가 우리의 삶에서 진행되는 '생활 속 연구소'라고 볼 수 있습니다. 사회학 연구자가 아파트나 주거 공간에서 다른 사람들이 생활하는 것을 관찰하면서 최초로 사용했던 용어가 굳어져 사회 혁신 연구 시 시민들과 같이 생활하며 실험 및 연구하는

것들을 '리빙랩'이라고 합니다.

윤: 그렇게 '곰팡이 연구소'가 시작되었군요?

오롯: 처음부터 연구여건을 갖춰 시작했던 건 아니고, 곰팡이가 핀 벽지에 관찰한 내용들을 적어가며 연구를 시작했어요.

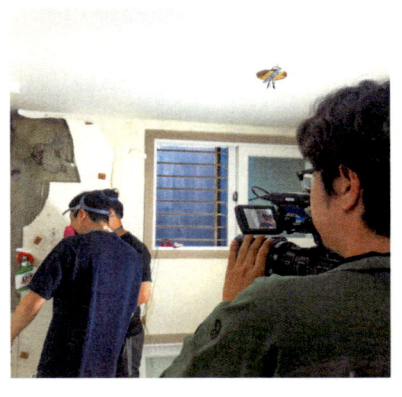

앞서 말씀드렸지만, 〈기생충〉 4관왕 소식이 화제가 되며 공중파 방송국에서 반지하를 고치는 사람이 있다는 소식을 들었다며 취재하러 왔어요. 그런데 '옥반지 프로젝트'도 재미있지만, '곰팡이 연구소'가 더 재미있었나 봐요. 예정과 달리 갑자기 '곰팡이 연구소'를 주제로 촬영하기 시작했고, 이어 E사, S사 등 공중파에 다 나오게 돼서 곰팡이를 제대로 연구해야겠다는 책임감이 생겼어요.

그러다 보니까 점점 연구소로서의 데이터베이스와 자료가 쌓이기 시작했고, 어느 단열재 회사는 무료로 단열재를 제공해줄 테니 우리 단열재를 사용한 데이터를 만들어줬으면 좋겠다고 제안해오기도 했습니다. 나중에는 정식으로 기업부설연구소를 설립했어요.

윤: 실제로 연구소를 설립하신 건가요?

오롯: 연구소 설립과 함께 R&D 사업에도 관심을 갖게 됐는데 주거 공간에서는 연구소 등록이 안 됐어요. 어차피 확장을 더 하고 싶은 마음에 사업 공간의 지하 공간을 빌리는 계기가 됐고, 그 공간을 '메이커스페이스, 주민 교육 공간, 연구소'를 통합하는 공간으로 만들었죠.

윤: 지금의 'D스쿨'이 그 과정에서 생겼군요?

오롯: 마침 동네에서 저렴한 45평짜리 지하 공간을 찾았어요. 직접 시공을 할 수 있으니 하나였던 공간을 나눠서 '기업부설연구소', 뭔가를 직접 만들 수 있는 '메이커스페이스', 주민 거점 공간이나 저희 아지트로 쓸 수 있는 '공유 공간' 세 가지로 만들어 계속 발전시키고 있습니다.

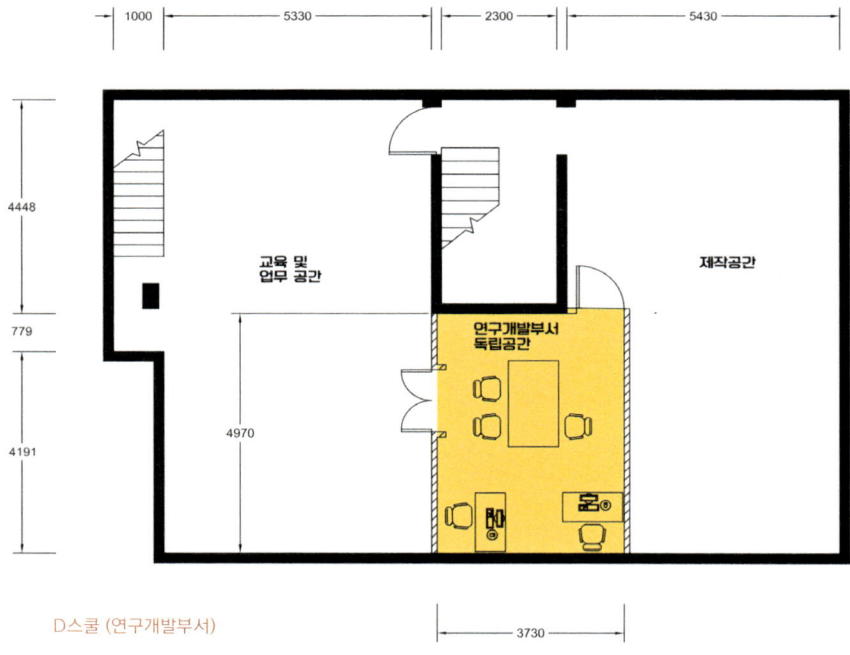

D스쿨 (연구개발부서)

반지하는 그 특성 때문에 경제적으로 넉넉한 사람들이 살지는 않죠. 그래서 '옥반지 프로젝트'를 할 때 주안점으로 뒀던 게, "교육을 해서 스스로 고치게 하자"는 저희들만의 합의가 있었어요. 여유 있는 분들이라면 저희한테 공사를 맡기면 될 것이고, 돈이 없다면 교육을 받고 스스로 고칠 수 있게끔 도와주는 일을 했습니다. 반지하에 입주할 사람들로 저소득 창업가들을 고려했고요.

" 내 공간을 나 혼자 만들면 DIY, 우리 공간을 같이 만들면 DIT…! "

옥반지 프로젝트 (오로시하우스)

저희가 DIY 교육을 할 수 있었던 건 시공기술을 학원이나 도제식으로 배우지 않고 저희 스스로 독학을 통해 터득했기 때문이에요. 그 과정에서 어떻게 하면 빠르게 시공에 대한 목마름을 풀 수 있을지 나름의 경험과 데이터베이스가 있었죠. 이미 직무교육 시스템으로 만들어진 내용을 변경해 독자적인 교육 시스템을 만들었습니다. 그러다 보니 주민들을 교육해 집수리 회사를 만들겠다는 목표점을 가진 도시재생 지역에서 저희를 찾았어요. 점차적으로 구조를 갖춰가며 DIY 교육에도 관심을 기울이며 진행해 나갔습니다.

윤: 그런 흐름이 DIT까지 이어졌군요?

오롯: DIY에서 가장 힘든 점은 혼자서 한다는 부분인데요. 시공은 대표적인 협업 프로그램입니다. 혼자서 시공하는 경우는 거의 없어요. 다양한 사람들이 힘을 합쳐 공간을 완성하는데, 저희는 커뮤니티 디자인 회사로서의 출발점이 있잖아요? 시공기술을 가르쳐 함께 공간을 구성하는 프로그램을 만들다 보니 DIT 프로그램으로 발전했고, 기획단계의 디자인싱킹Design Thinking부터 DIY 시공교육, DIT 프로그램까지 연결되는 과정을 영어단어의 앞 철자 'D-D-D'를 따서 'D스쿨'이라는 공간과 프로그램으로 개발한 거죠.

공간을 기획하는 행위에는 그 자체로 디자인싱킹 기법이 적용됩니다. 보통 디자인을 언급하면 그림 종류를 연상하지만, 실제로는 설계도 들어있고, 무형의 것을 유형의 것으로 바꾸는 여러 가지 과정도 디자인이라 칭할 수 있습니다. 그래서 첫 번째 D가 '디자인싱킹Design Thinking'입니다.

그리고 주민 스스로 공간을 만드는 기술이 있어야 하잖아요? 시공기술을 배울 수 있도록 'DIY' 교육을 넣고, 공간 조성을 혼자 하려면 힘드니까 다른 사람들과 함께 DIY를 할 수 있도록 커뮤니티 디자인을 통해 공동체 프로그램으로 확대

시공교육

한 게 'DIT'입니다. 이 3가지를 저희만의 방식으로 해나간다는 취지에서 고유 명사로서의 'D스쿨'을 만들게 된 거죠.

윤: 저는 군산 사례를 통해 DIT를 접했거든요? 군산에 있는 〈주식회사 지방〉 조권능 대표님 페이스북에서 군산 영화시장 근처에서

DIT 행사를 하시는 것을 보았거든요. 그전에는 'DIT'라는 것을 몰랐습니다. 해비타트habitat가 봉사자들 모아서 목재를 가지고 주택을 만들잖아요? 그거랑 무슨 차이가 있나 정도의 생각만 했거든요?

오롯: 해비타트는 봉사자들이 모여 다른 사람을 지원해주는 프로그램입니다. 봉사자들이 중심이 되어 건물을 지어주거나 고쳐주는 프로그램인데, DIT는 이와 다릅니다.

DIT는 수단이에요. 저희가 이야기하는 DIT는 시작점 자체가 누군가를 돕기 위해 하는 게 아니라 내 공간을 만들 때 일종의 품앗이 개념으로 누군가와 같이하기 위함이고, 이에 적합한 프로그램을 고안한 것이에요. 이것을 도시재생 영역과 합치면 주민들 스스로 공간을 고쳐나가며 지속가능한 도시를 만들 수 있을 거라 생각했어요.

윤: '옥반지 프로젝트'에서 이어진 '곰팡이 연구소'를 '리빙랩'이라 말씀하셨는데, 어떤 면에서는 'DIT'도 리빙랩이라 여겨집니다.

오롯: 어느 정도 리빙랩이 포함된 겁니다. 근데 저는 이 프로그램이 도시재생 분야에서 DIT 문화가 자리 잡도록 일종의 공동체 프로그램으로 진행되는 용역 사업으로도 충분히 가치가 있다고 생각해요.

협업할 수밖에 없게끔 시공을 기획하고, 여기서 나온 결과물이 공유공간으로써 활용되도록 도시재생 분야에 제안하고 있습니다.

윤: 군산의 DIT 사례는 축제성이 있다고 해야 할까요? 홍보물들 보면 예쁜 장면을 많이 보여주잖아요. 사람들이 즐기고 행복해하는 모습이 많이 나오니 그렇게 볼 수밖에 없고요…. 사실 지금까지 나눈 DIT 프로그램의 본질은 공간을 꾸며가는 과정이고, 바꿔 말하면 하루 종일 작업을 해야 결과물이 나오는데, 홍보 동영상만 보면 마을 축제를 진행하는 것처럼 보였거든요.

오롯: 군산 첫 번째 DIT 때도 〈오롯컴퍼니〉가 DIT 마스터로 참여했고, 〈주식회사 지방〉과는 세 번의 작업을 같이 했습니다. 조권능 대표님과 함께 다양한 시공팀, 참여자들과 DIT를 진행했었어요.

저는 '축제형 DIT'와 '거점 공간형 DIT'로 나눠 DIT를 기획하고 있습니다. '축제형 DIT'는 어떤 공간에 대한 이슈화를 시키고 다양한 지역에 있는 사람이 그 공간을 방문하게 하는 방법으로 매우 가치가 있다고 생각합니다.

윤: 리빙랩이 우리가 사는 마을이나 도시 내에서 어떤 영향을 끼

치는지에서부터 DIT를 바라볼 필요가 있지 않나 싶은 생각도 들어요.

오롯: 〈오롯컴퍼니〉가 추구하는 DIT 공간은 'DIY가 가능한 공간'이어야 합니다. DIY를 하시는 분의 실력이 뛰어날 수도 있고, 아닐 수도 있어요. 아마추어만 DIY를 하는 게 아니라 저희 같은 시공회사가 자체 공간을 꾸미는 것도 DIY에 속하니까요.

또, 여러 사람이 같이 DIT를 하기 위해서는 적정 수준의 디자인이 나와줘야 합니다. 공간을 DIY 하는 이유에는 개성을 살리고 싶다는 이유도 있지만, 예산의 문제도 있거든요. 그러다 보면 화려하고 좋은 공간보다는 열악하고 고치기 힘든 공간들이 현장이 되는 경우가 많습니다.

'곰팡이 연구소'에서 연구했던 "취약 공간을 어떻게 합리적으로 개선할 것이냐"와 연계해 DIT 프로그램을 요청받기도 했어요. 하나같이 열악한 곳의 개선을 목표로 하고 있었는데, 다른 시공업체한테 맡기는 것보다 저희한테 맡기면 합리적인 비용 안에서 공간 개선에 공동체 구성원 교육까지 가능하니 수요가 있었던 거죠.

그래서 접근 자체가 공동체 프로그램이 되도록 DIT를 기획하고 진행하지만, 이게 조금 더 원활하게 자리 잡도록 시공용역 형태로 수주한 다음에 그 비용의 일부분을 할애해 자율성을 가지고 교육을 진행하고 동시에 커뮤니티 디자인을 꾀하고 있습니다.

윤: 리빙랩과 DIT의 관련성을 알 수 있는 사례가 있을까요?

오롯: 서울전자고등학교가 구체적인 사례가 될 것 같아요. 우연한 기회에 NPO 단체를 통해 '옥반지 프로젝트'를 소개했는데, 그걸로 대상을 탔어요. 마침 학교 선생님께서 보시고, 본인이 근무하는 학교에 빈 반지하가 있는데, 그 공간을 개선하도록 도와달라고 하셨어요. 실제 DIT 프로그램으로 연결하기까지는 1년 여의 시간이 필요했어요.

윤: 그동안 서로 의견을 주고받고 다듬는 과정을 통해 DIT로서 성숙해 나가기 시작했다…. 그 과정 자체가 리빙랩이 된 거네요. DIT 행사가 리빙랩이 된 게 아니라 DIT를 실현하기 위해 기획하고 검증하고, 자기 커뮤니티에 맞는 것들을 찾아가는 과정이 리빙랩이 된다는 말씀이네요?

오롯: 네, 맞습니다. 마침 그 선생님 직책이 연구부장이셨고, 환경 개선을 위한 공사 예산이 있었어요. 이 비용으로 학생들한테 시공을 가르쳐주고 싶고, 교사와 학생이 서로 관계를 맺으며 학생들의 아지트를 직접 만들게 하고 싶다는 니즈까지 합쳐졌어요. 어떻게 하면 공사 예산을 활용해 이를 가능하게 할까를 고민하신 거죠.

서울전자고등학교 공간기획 워크숍

그래서 이것을 방과 후 창의혁신 교육 프로그램으로 만들고 학생 교육과 시공을 병행하는 내용으로 기획해 교장 선생님 승인까지 받았어요. 매우 긴 시간 공사를 통해 프로그램화하는 과정들을 선생님과의 회의를 통해 구체화할 수 있었죠.

윤: 여기서 앞서 나눴던 정주성 이야기로 다시 돌아가게 되는 것 같습니다. 지금의 사례는 학생들이 스스로 정주할 아지트를 만드는 이야기잖아요? 내가 도색하고 직접 공작하는 아지트를 학교 안에 만들었으니, 가고 싶은 학교, 머물고 싶은 학교가 됐을 것 같아요.

오롯: '정주'가 단순히 주거에만 관련된 게 아니라 "어떻게 하면 머물게 할까?"가 전반적인 문제이기 때문에 지금 말씀하셨던 것처럼 학교에 머물고 싶게끔 만드는 것도 정주성에 포함이 되거든요.

그러다 보니 인테리어 회사에 맡겼다면 도저히 나올 수 없는 디자인이 나왔습니다. 디자인씽킹 과정에서 학생들한테 물어보니 우주 공간이 있으면 좋겠다는 거예요! 일반 인테리어 디자인 회사에 맡긴다면 말이 안 되었겠지만, 〈오롯컴퍼니〉가 맡았기 때문에 가능했죠. "낙서를 현실로 만들어줄게!"

형광색으로 외계인을 칠하고 우주선이 날아가는 그림을 그리고 낙서처럼 꾸몄어요. 디자인과는 페인트를 담당하고, 전기과는 조명을 맡고, 담당 선생님들이 도와서 여러 가지

문제점을 같이 해결하며 본인들이 상상했던 공간을 기술적으로 구현하도록 도움을 줬죠.

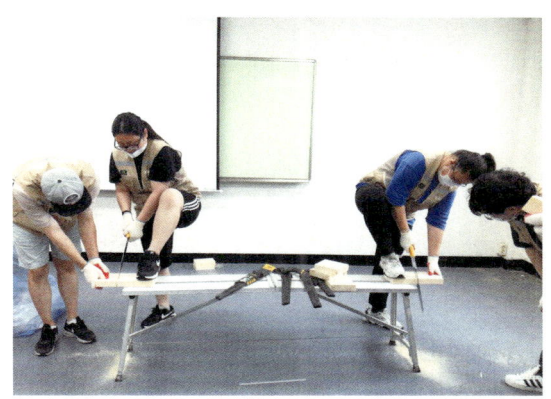

그 결과, 진짜 우주 공간 같은 아지트가 만들어졌어요. 학생들 본인이 상상했던 공간이 구현되면서 정이 들었나 봐요. 후에 들은 선생님 말씀에 따르면 자신들이 만든 공간에 애착을 갖고 잘 활용하고 있다고 합니다.

윤: 원래 어떤 목적의 공간이었기에 우주 공간으로 만든 건가요?

오롯: 오랫동안 비어있던 교실이에요. 예전에는 학생 수가 많았지만, 인구가 줄어들며 학생 수가 줄자 열악한 공간부터 사용하지 않게 되

었죠. 안 쓰다 보니 곰팡이가 생기고, 냄새도 나고, 거미줄도 처져 있었죠.

윤: '옥반지 프로젝트'랑 똑같네요.

오롯: '옥반지'가 '옥탑방, 반지하, 지하 공간'에서 따온 이름이긴 하지만, 그곳들로만 한정한 게 아니라 "열악한 상태로 비어있는 공간들을 잘 활용하면 좋겠다"는 의미의 프로젝트니까요. 사실 교실이라고 했지만 거기도 반지하였어요. 반지하가 지닌 문제점을 그대로 가지고 있어

서 습기나 환기 문제 등도 같이 해결했어요.

학생들과 같이 고민하는 과정 속에서 "돈을 들여 환기시설을 갖추면 좋지만 현실적으로는 돈을 많이 들일 수 없기 때문에 사용하는 사람들이 더 열심히 환기를 해줘야 한다"는 미션이 도출되었거든요. 디자인싱킹 과정에서 같이 고민해서 만들었기 때문에 학생들에게 규정을 만들어 강요하기보다는 '이 공간을 쓰고 싶은 학생들 스스로 자율적으로 환기하고 정리하는 문화'가 정착이 된 거죠. 이런 것이 커뮤니티 디자인의 효과라 볼 수 있죠.

윤: 그걸 고민하는 과정이 리빙랩이 된 거네요. 리빙랩에서 디자인싱킹이 이루어지면서 DIY 훈련은 물론 자연스럽게 DIT로 연결이 됐다는 결론이군요.

❝ 시공기술을 가르쳐 함께 공간을 구성하는 프로그램을 만들다 보니 DIT 프로그램으로 발전했고, 기획 단계의 디자인싱킹부터 DIY 시공교육, DIT 프로그램까지 연결되는 과정을 영어단어의 앞 철자 D-D-D를 따서 'D스쿨'이라는 공간과 프로그램으로 개발했죠. **❞**

" DIT는 수단이에요. 저희가 이야기하는 DIT는 시작점 자체가 누군가를 돕기 위해 하는 게 아니라 내 공간을 만들 때 일종의 품앗이 개념으로 누군가와 같이하기 위함이고, 이에 적합한 프로그램을 고안한 것이에요. 이것을 도시재생 영역과 합치면 주민들 스스로 공간을 고쳐나가며 지속가능한 도시를 만들 수 있을 거라 생각했어요. "

서울전자고등학교 D스쿨

D.SCHOOL

2부

DIT의 시작

DIT 기획부터
실행까지

4장

공공성이 두드러지는 '축제형 DIT'

윤: DIT는 해비타트 활동과는 다르다고 하셨는데, 그렇다면 더 구체적으로 어떤 목적을 가진 시공활동일까요?

예전에 DIT 멤버 모집 광고를 보았는데, 인부를 많이 쓰거나 제작비에 많은 돈을 쓸 여건이 되지 않아 일을 도와줄 사람들을 불러 모으는 느낌이었습니다. "이번 기회에 목공을 배워보고 싶은 사람, 즐겁게 활동하는 멋진 사람들을 만나보고 싶은 사람들 모여라!" 마을 잔치하듯 DIT를 홍보하는 걸 봤어요.

오롯: 저는 DIT를 커뮤니티 디자인의 한 형태, '시공을 수단으로 하는 커뮤니티 디자인'으로 보고 활동하고 있습니다. 커뮤니티로서의 가치

가 중요하다고 생각하기 때문에 DIT 활동을 통해 어떤 공동체가 형성되고 어떤 공간이 만들어지는가에 저의 역할이 있다고 봅니다. 어떤 게 올바른 DIT다, 아니다 판단하는 것이 아니라 그 활동을 통해 많은 사람 사이에 어떤 관계가 형성되느냐, 또 어떻게 공간과 관계가 지속되느냐를 중점으로 봐주시면 좋을 것 같습니다.

윤: CF나 애니메이션에 나오는 발랄한 장면의 하나로 DIT를 받아들일 수도 있을 것 같아요. 옛날 만화영화 〈개구쟁이 스머프〉를 보면, 마을에 무슨 일이 생기면 스머프 100명이 모여 공동으로 건설도 하고, 축제도 즐기고, 빵도 만들고, 다 같이 숲속에 산딸기도 따러 가는 공동활동이 많이 나왔거든요. 마을에서 벌어지는 공동활동이라는 점에서 공통점이 느껴진달까요?

그런데 마을 잔치 느낌의 DIT 현장을 보면, 예산이나 인력이 모자라지만 시공이 필요한 곳에서 친구를 부르듯 사람을 모아 봉사하는 형태를 띠잖아요?

축제처럼 "와서 함께 일하며 즐깁시다!", "함께 즐거운 추억과 경험을 만들어봐요!" 같은 느낌이라 DIT를 잘 모르는 사람 입장에서는 목적이 혼란스럽기도 하고, 과연 이 일이 가능할까 싶은 생각도 들고,

한편으로는 그렇게 들뜬 마음으로 임하면 안전사고가 일어나지는 않을까 싶기도 하거든요.

오롯: DIT를 통해서 어떤 공간이 형성될 수 있느냐를 보면 어떤 형태의 DIT인지를 판단할 수 있어요.

제가 매체에 글을 기고하면서 DIT가 여러 방향으로 활성화되기 위한 단계를 제시한 적이 있어요. 사람들이 시공을 알게 하고, 관심도 갖게 만든다는 점에서는 홍보단계도 가치가 있다고 생각하는데, 그 방향성이 중요한 것 같아요. 겉으로 보이는 모습으로 만들어지고 끝난다는 인식을 고착화시키는 게 아니라, '즐거운 DIT 교실'의 느낌을 준다면요. 그러니까 그 자체도 충분히 가치가 있죠.

DIT가 커뮤니티 디자인으로 뻗어나가려면 해당 작업 공간이 어떻게 변하는지가 중요해요. 가구를 만든다면 누가 쓸지를 생각하면서 만들고, 그 가구를 그 사람이 쓸 수 있게 배치하는 등 가구를 통해서 무얼 할 수 있느냐를 고민하고 구현하는 게 중요하죠. 기성품을 사다 넣으면 쉽지만, 직접 같이 만들면서 공동체의 발전을 고민하는 거죠. 어쨌든 DIT의 뿌리 자체가 DIY에서 출발하기 때문에, 일단 DIY가 잘 돼야 이 방향성을 가지고 DIT로 잘 넘어갈 수 있다고 생각합니다.

윤: DIY와 DIT 둘 다 인간이 가진 창의력과 협동 능력을 전제로 일어나는 행위네요. 짐승들도 자기 집을 짓고 새들도 잔가지나 해초를 모아 둥지를 만들지만, 자연환경을 극복하고 함께 살아가기 위해 형성된 도시라는 공간 안에서 더 조화로운 공간을 만들려는 노력이잖아요?

DIT는 다른 생명체가 건축물을 만드는 활동과도 다르고, 기존의 DIY나 건축시공과도 다른, 이를 넘어서는 형태의 인간만이 할 수 있는 일이라는 생각이 듭니다.

오롯: 스머프 사례가 참 적절한 예시인데요. 누군가가 봉사활동으로 지어주는 게 아니라 내가 살고 내가 사용할 공간을 직접, 함께 만드는 것이라고 사고를 확장할 수 있을 것 같아요. 누군가가 이런 일을 할 때 겪을 수 있는 기술적인 어려움을 같이 해결하고 시공해주는 작업들을 해나가고 있습니다.

제 역할을 설명하자면 일단 커뮤니티 디자이너면서, 시공기술도 가지고 있죠. 커뮤니티 디자이너이자 활동가로서 도시재생 영역에 뛰어들었고, 실제로 시공회사를 설립해 시장 경제 내에서도 통용되는 기술들을 습득해 왔습니다. 또, 그런 기술들을 도시재생에 접목하기 위해 노력하고 있습니다.

윤: 그런데, 그런 역할을 하시는 분들을 DIT 현장에서 뭐라고 불러야 할까요? 보통 건축 현장에서 하듯 '반장님'이나 '소장님'이라고 부르지는 않을 테고….

오롯: 저는 DIY의 시공기술을 보유하고 있으면서 커뮤니티 디자인 능력을 가진 저와 같은 분들을 'DIT 마스터'라고 부릅니다. 이런 분들이 많아지기를 바라는 마음으로 DIT 양성 교육도 진행합니다.

윤: 여기서 DIT를 조금 더 명확히 정리하고 넘어가고 싶습니다. 앞서 얘기 나눴듯 어떤 분들은 DIT를 마을 축제, 페스티벌이나 서클 활동, 사교의 장으로 생각할 것 같고, 진지하게 뭔가를 해보려는 분들의 입장에서는 이 DIT가 단순히 인간의 발달한 놀이 문화나 여가선용의 방식이 아닌 목적성을 띨 거라는 생각이 들거든요?

오롯: 딱 잘라 구분하기는 힘들지만, 저는 DIT를 두 가지로 분리해 알리고 있습니다. 하나는 '축제형 DIT', 다른 하나는 '거점 공간형 DIT'.

DIT 기획 시 어떤 목적성을 가지고 기획하느냐에 따른 차이죠.

우선 '축제형'은 공간의 활성화와 주변 사람에게 시공기술을 알려주겠다는 두 가지 목적을 달성하려고 하죠. 일종의 팬덤을 형성시키기 위해 참여자들이 다 같이 즐기면서 공간을 실제로 쓰고 느껴볼 수 있는 축제 방식의 프로그램이에요.

이 일을 활성화시키고 싶은데 내부 인원의 관심이 적은 거죠. 그래서 DIY에 관심이 있고, DIT라는 프로그램에 관심을 가질 수 있는 사람들을 전국 단위로 모으는 겁니다. 공간을 알리고, 내부 사람들에게도 "이 공간에 이런 가치가 있지 않아?"라고 일종의 주위를 환기시키는 행사를 여는 거죠. 마을을 알리는 축제면서, 여러 사람이 같이 즐기는 행사가 되죠.

(3장에서 소개한) 서울전자고등학교 사례는 내부 인원이 필요로 하는 아지트를 만드는 활동이었으니 '거점 공간형'으로 볼 수 있고요.

윤: 그렇다면 요즘 행정안전부 주도로 진행되는 '청년마을'과 연계해도 좋은 프로그램이 될 것 같습니다. 청년 귀촌, 청년의 지역 창업을 활성화하려는 방안으로 만들어져 전국의 청년들이 "이곳에 한번

살러 와볼까?" 생각하는데, 자기가 살고 싶은 공간을 만들어보는 DIT 경험이 지역에는 활력을 불어넣고, 유휴 공간 활용과 공간재생을 높이는 동시에, 정주성을 높이는 여러 가지 대안이 될 것 같다는 생각이 들거든요.

도고청년마을, 스스로 만드는 청년들

오롯: '거점 공간형 DIT'가 많아지려면 일단 DIT라는 것이 있다는 것과 DIY 방식을 공간에 적용할 수 있다는 것부터 사람들에게 알려

야 하죠. 이를 효과적으로 알리기 위해 초반에 '축제형 DIT'를 진행하고, 이를 통해 크고 작은 DIT들이 좀 더 많아지면 좋겠다고 생각합니다.

지금은 어떤 DIT가 이상적인지에 대한 디테일한 문의가 많이 옵니다. 기존에 존재하던 집수리 교육과는 어떻게 다른지, DIY와 이름이 비슷한데 어떤 차이점이 있고, DIT를 실행할 때의 주의사항은 무엇인지를 많이 물어보십니다. 답변을 위해 저 나름의 이상적인 모델안을 만들어두었고, 실행 매뉴얼도 작성해 놓았습니다.

부록
DIT 실행 매뉴얼
㈜오롯컴퍼니

1. DIT마스터가 생각하는 이상적 모델

DIT를 목적과 현장상황에 따라 축제형DIT와 거점공간형DIT로 분류하여 서술함

1) 축제형DIT 인원구성(45 ~ 60명)

대규모 유휴공간 활성화를 목표로 전국단위 모집하여 지역 핫스팟을 구성하고 지역에 대한 관심도를 끌어올리려는 목적. 100평 규모를 기준으로 적정 인원 구성을 서술함. 기초(광역)센터에 어울리는 모델이다.

① DIT기획팀(10 ~15명)

- 행사기획팀(3)[43] + 행정지원팀(3) + 공간디자인팀(2) + 영상팀(2)
- 기획팀 내 여성고충담당자를 1명 이상 지정
- 네트워크 파티 운영자 1명 이상 지정

② DIT시공팀(10 ~ 15명)

- 4팀 ~ 5팀 (목공, 페인트, 조명, 타일 등 DIY교육이 가능한 기술을 보유한 시공팀)
- 단독 시공이 가능한 장비를 보유한 팀(3)
- 시공팀이 2~3인 기준으로 움직임, 시공팀장(1) + 시공자(2)
- 기획단계에서부터 함께 참여

③ 참가자(20 ~ 30명)

- 전국단위 모집(주민 + 도시재생 + 시공 관심자)
- 안전통제를 위해 시공자 1명 당 4명 규모로 모집
- 도시재생 활동가, DIY능력 보유자, 손재주가 있는 자(조장급)
- DIT프로그램, DIY시공기술 등을 배우고 싶은 자(조원급)

④ 중점사항

---

[43] 괄호안 숫자는 권장인원수, 현장상황에 따라 가감하여 응용.

2. DIT를 위한 지역재생센터[45] 구성을 위한 공간 예시

노후공간을 개선하기 위한 센터로 지역에서 나오는 자원순환창고, 시공 및 장비 교육, 전시, 커뮤니티 형성 등이 유기적으로 일어나는 공간 형태의 제안함. 기초지자체 단위의 구성을 염두해 두었으며 주민센터, 현장센터 등 현장상황에 따라 메이커스페이스를 따로 두고 필요에 따라 공간을 차용하면 되겠다.

① 공간의 구성

- 자원순환창고 + 메이커스페이스 + 접객 및 전시 + 주차장
- 메이커스페이스는 마이크로팩토리형식으로 운영한다면 영리방식의 운영이 가능
- 마이크로팩토리는 제품개발을 하는 사무실, 리빙랩(연구부서)와 생산을 하는 제조공간으로 구성

② 예시안

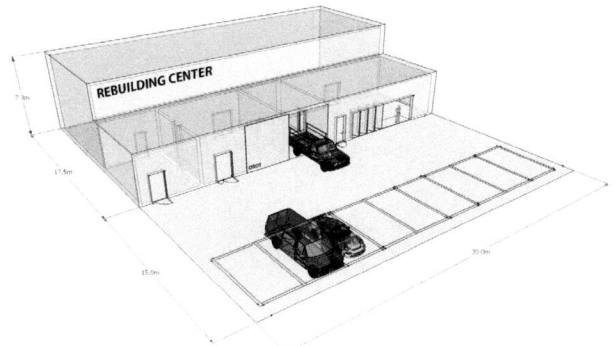

그림 48 ⓒ오롯컴퍼니, 지역재생센터(가칭) 조감도

---

45) 가칭, 집수리센터, 새활용센터, 공방, 자재상 등의 요소들을 포함하면서 단점을 보완한 새로운 형태의 센터

❝ 어떤 공동체가 형성되고 어떤 공간이 만들어지는가,
어떻게 공간과 관계가 지속되느냐. ❞

윤: 안전사고 예방 면도 궁금합니다. 예를 들어, '축제형 DIT'라고 하면 사람이 많이 모여야 할 것 같잖아요. 동원 능력이 어마어마해서 마을 사람들이 "우와, 이게 뭐야?" 함께 즐거워하게끔 볼거리랑 놀거리가 나와야 한다고 생각할 텐데, 사용 중인 장비가 자칫 사람에게 상해를 입힐 수도 있으니까요. 사람이 많이 모일수록 안전사고 확률도 높아지니 적정 규모가 있을 것 같은데요.

오롯: 장비에 대한 위험도는 우리가 찻길에서 횡단보도 건널 때 교통사고가 발생할 확률보다도 적습니다. 물론 자동차에도 적정한 탑승 규모가 있듯 현장에도 적정 참여 규모가 있죠. 여러 번의 교육 경험에 비추어, 안전통제자 한 사람당 작업자 4~5명 정도가 최적 인원이라고 생각합니다. 장비를 아주 능숙하게 다루고 교육도 가능한 시공 기술자 한 사람당 참여자가 4~5명 정도여야 위험성을 빨리 인지하고 안전하게 교육을 끌어갈 수 있습니다.

또, '적정위험 통제교육'이라는 절차를 만들어서 위험한 장비들을 낮은 단계에서 좀 익숙하게 다루다가, 점차 조금 더 위험한 장비들을 통제하도록 하는 교육도 진행합니다. 만약 적정 참여 인원을 초과하면 사람들의 실습 기회도 줄어들고, 장비도 너무 많이 필요하기 때문에 원활한 교육이 어려워지고 더 위험해지죠.

윤: 그러면 현장에서 리더십을 발휘할 수 있는 사람을 몇 명 확보하느냐가 DIT 내 최대 참여 인원을 산정하는 기준이 되겠군요?

오롯: '축제형'과 '거점 공간형'의 인원 산정 방식은 동일합니다. 그런데 '축제형'의 경우, 조금 더 넓은 공간이 필요합니다. 한 100평 정도라면 전체 인원 50명 정도가 적정하더라고요. 한 사람당 두 평 정도의 공간은 있어야죠.

그래야 파트마다 협업도 가능해져요. 기획과 시공 마스터 팀원들이 20명, 교육생들이 20~30명 정도로, 약 40~50명 정도로 구성하는 게 좋다고 생각합니다. 시공팀들이 좀 더 적극적으로 협업하려면 행사를 기획하고, 행정을 지원하고, 디자인을 하거나 영상을 뽑아내는 팀원도 10~15명 필요하고요.

이를 조별로 나누는데, 20명의 참여자가 있으면, 5명 4개 조로 나눠서 조마다 또 하나의 시공팀을 붙이는 거죠. 제가 해보니까 '축제형'은 시공팀 4팀, 조 편성도 4개 조 정도로 나누고, 저와 같은 DIT 마스터가 5~7명 정도를 커버하면서 전담 담임 멘토들이 있는 것처럼 역할이 나눠집니다.

윤: 참가자로 이루어진 각 조에 전문성을 가진 시공팀이 붙는데, 이들이 팀 리더로도 활동하는 형태인가요?

오롯: 시공팀이 참가자들을 교육하고 같이 만들면서 멘토 및 길잡이 역할을 합니다. 기술적인 부분을 가르쳐주고, 참가자들이 직접 공간을 만들어가도록 교육하죠. 그렇기 때문에 기획하는 사람이 전체적으로 "참가자들에게 일정 부분까지 가르쳐주고, 일정 부분은 스스로 하게 한다"는 콘셉트를 잡아야 합니다.

DIT가 가능한 디자인도 나와야 하고요. 너무 화려한 디자인을 뽑거나 기술적으로 어렵게 기획하면 참가자들의 참여폭이 좁아져서 실제로는 시공자가 다 만들어버리는 기획이 되기 때문에 기획 단계에서부터 어떤 수준의 참여자가 참여할 것인지도 결정해야 합니다. 그래서 기획 단계가 생각보다 오래 걸립니다.

윤: 그런데 전통적인 공사 현장을 보면 숙련된 기술자 밑에 보조 업무를 하는 사람(* 테모도; 기능공을 도와 함께 일하는 조공)이 있잖아요? 이와 비교해보면 숙련된 시공팀이 있고, 이 아래에 보조 업무자이자 참여자로서 참여 조가 붙는다는 느낌이 얼핏 들기도 하는데요.

오롯: 그런 형태는 바람직한 DIT 커뮤니티 디자인의 방향은 아닙니다. 만약 그렇다면 시공팀들이 시공비를 아끼기 위해 참여자를 모집한 형태가 되어버릴 테니까요. 그런 DIT는 지속가능성이 떨어진다고 생각합니다.

이 부분은 커뮤니티 디자인을 어떻게 하느냐에 따라서 사실은 굉장히 애매하게 진행됩니다. 결과적으로는 참여자들이 어떤 감정을 느끼고 돌아가느냐가 중요해요. 그래서 중간중간 커뮤니티 시간을 갖죠. 첫날, 둘째 날 야간에 많은 대화를 나눕니다. 가르쳐주려 한 부분이 너무 힘들었을 수도 있으니 조금 쉬어가자는 취지도 있고, 피드백을 받으려는 의도도 내포되어 있죠.

시공자들도 공사비에 준하는 인건비를 받고 일한다기보다 커뮤니티 디자이너로서의 역할을 하면서 최소의 비용만 받고 참여하는 경우가 있기 때문에, 전문성이나 비용의 적절성도 요구하면서 많은 걸 복합적으로 생각하며 운영해야 해요.

그래서 시공으로 접근한다기보다 DIY가 가능하도록 접근하고, 참여자들에게 직접 공간을 만들게 하면서 주도권을 줘야 합니다. 굳이 표현하자면 전문 시공팀에게 데모도 업무를 주는 형태죠.

'축제형'이든 '거점 공간형'이든 DIT가 끝나면 아주 낮은 단계라도 기술을 습득해 나중에 본인의 공간을 DIY 할 수 있도록 한다든가, 가치가 조금 더 확장되게끔 하는 것이 제가 하는 DIT입니다.

윤: DIT가 순수한 의도를 가진 참여자에게 공간의 가치를 더 발견하도록 돕는 역할을 하네요. DIT 시 놓쳐서는 안 될 점이 있다면 무엇일까요?

오롯: '축제형'이나 '거점 공간형' 모두에 해당하는 부분인데, 퍼실리테이터(* Facilitator: 의뢰자의 니즈를 파악하고 운영방안을 마련해 구성원의 의견과 최적의 해결책을 끌어내 제시하는 자)의 능력이 굉장히 중요합니다.

DIT의 바탕이 시공이다 보니 시공 및 참여자를 어떻게 모을지를 쉽게 생각하는 경향도 있어요. 하지만, 그보다는 과정 중간중간 "어떻게 여러 참여자들을 협업하게 할지"가 중요합니다. 그러니까 실제로 시공 현장을 많이 다뤄보신 분들이 잘하죠. DIT는 협업 프로그램이자 커뮤니티 디자인으로서 가치가 있는데, 각자 찢어져서 한 명은 저기 가서 이걸 하고, 다른 한 명은 저걸 하면 일반 DIY 수업이나 다를 바가 없거든요. 만약 참가자가 그런 능력을 보유하는 것만을 목표로 왔다면 그것도 가치가 있겠지만, 누군가가 비용을 부담해 DIT 프로그램을 진행하는 의도를 맞추려면 공동체성이 발현되는 게 맞다고 생각합니다. 그래서 DIT를 진행하는 매 순간 퍼실리테이터로서의 능력이 무척 필요해요.

또, 비교적 넓은 공간을 확보하는 것과 그 공간들이 공공성을 띠도록 만드는 것이 중요합니다. DIT에 참여한 많은 사람이 자신의 노동과 시간을 투자해 직접 공간을 만들었다는 데서 오는 보람도 느끼면서, 만들어진 공간이 다시 많은 시민에게 오픈된다면 공공성의 의미가 더 깊이 부여되겠죠.

개인으로서 DIT를 진행할 때는 개인의 목적에 따라 진행하면 되지만, '축제형 DIT'는 지자체나 도시재생지원센터, 마을공동체지원센터 등에서 공동체를 형성하기 위한 프로그램으로 개발시켜왔기 때문에 특히 공공성 부분을 강조하고 싶습니다.

4장. 공공성이 두드러지는 '축제형 DIT'

" 저는 DIT를 커뮤니티 디자인의 한 형태, '시공을 수단으로 하는 커뮤니티 디자인'으로 보고 활동하고 있습니다.
그래서 시공으로 접근한다기보다 DIY가 가능하도록 접근하고, 참여자들에게 직접 공간을 만들게 하면서 주도권을 줘야 합니다. "

정책이슈 03

자발적 확장을 위한 DIYer 중심의 DIT 마을재생

이종건
오롯컴퍼니 대표

용어에 대한 정의

DIY(Do It Yourself)를 '직접 만든다'는 용어로만 생각하지만, 중요한 요소가 하나 더 있다. 기획이다. 어떻게 만들지 스스로 결정하는 것이 매우 중요한 요소로, '스스로 기획하고 만드는 것'으로 정의하는 것이 이 글에서 주장하고자 하는 주요 내용이며, 공간을 만들어 내는 DIY 시공의 의미로 시공과 공간소품을 모두 스스로 만드는 것을 뜻한다. DIY에서 확장된 'BIY(Buy It Yourself, 어떤 재료와 가구·소품을 구매할지 결정하는 것)'와 'SIY(Supervise It Yourself, 시공의 어느 부분을 전문가에게 맡길지 결정하고 통제하는 것)' 등의 개념도 속속 소개되고 있다.

'DIYer'는 '스스로 기획하고 만드는 사람'이라고 설명할 수 있겠다. DIY를 전문가와 비전문가로 나누기도 하고, 취미의 개념으로 바라보기도 한다. DIY를 '스스로 공간을 만드는 것'으로 정의한다면, DIYer는 시공기술자가 본인의 공간을 만드는 것도 포함하게 된다. 기획력을 가진 시공자로, 스스로 만든 공간에서 콘텐츠를 생산해 내는 사람을 의미한다. 카페를 운영하는 목수, 본인이 꾸민 공간에서 식당을 하는 요리사, 인터넷 방송국을 직접 꾸민 크리에이터 등이 모두 DIYer라고 할 수 있다.

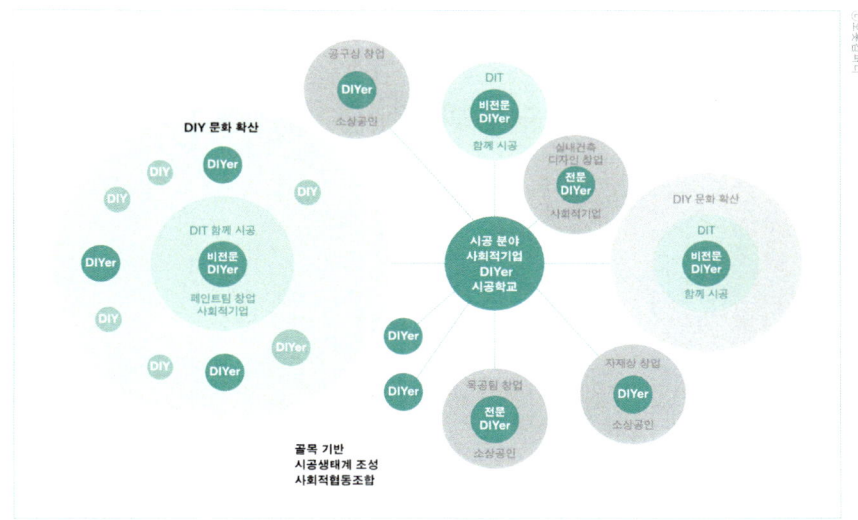

자발적 확장을 위한 DIT 마을재생 개념도
출처: 오롯컴퍼니(2020)

가야만 맛볼 수 있는 메뉴를 가진 독특한 공간들이며, 사람들은 그 공간을 누리며 기꺼이 비용을 지불한다. 우리의 취향은 모두 달라서 선택지가 많은 지역에 사람이 몰리는 것은 당연하다. 맛집은 단순히 식당만을 의미하지 않고 경험할 수 있는 모든 공간을 의미한다.

DIY를 넘어 DIT로

스스로 하는 것을 넘어 함께 시공하는 과정을 DIT(Do It Together)라고 한다. 시공에 대한 책임이 있는 시공자가 특정 공간에서 DIT를 하는 것은 쉽지 않다. 공사기간이 늘어나면서 수입에 균열이 발생하고 시공품질에 대한 위험부담이 크기 때문이다. 하지만 본인의 공간에서 DIT를 하는 것은 시공비용을 낮추고 초기에 공간을 알리면서 함께 시공한 이들과 공간에 대한 애착을 형성하는 일석삼조의 효과가 있다. 오롯컴퍼니라는 청년기업이 시공회사로서 DIT를 할 수 있었던 것은 전국을 대상으로 시공을 하면서도, 지역에서는 직접 콘텐츠를 기획하고 운영하는 역할을 하고 있

5장

5분 생활권의 활성화 '거점 공간형 DIT'

윤: 다음으로 '거점 공간형 DIT' 이야기를 해봤으면 하는데요. '거점 공간형 DIT'는 뭔지, '축제형'과는 어떻게 다른지 설명해 주신다면요?

오롯: 여기서 제시하는 것은 관공서나 도시재생현장센터, 마을공동체센터에서 진행하는 공간들을 중점으로 모델화한 내용입니다. '거점 공간형 DIT'는 주민들이 모여서 이야기를 나누고, 공동체가 형성되는 공간을 만드는 것이 목적입니다. 유휴 공간과 접목해 주민 사랑방 형태의 거점 공간들을 만드는데요. 공간을 만들 때 주민들을 모아 기획 단계부터 시작해 기술교육 등 거점 공간이 창출되기까지의 일련의 프로세스를 '주민과 함께 만들어가는 DIT 프로그램'으로 만들었습니다.

윤: 중소 도시로 가면 폐가, 공가가 많잖아요? 이 공간들을 활용할 방법을 만들어내야 한다는 얘기가 많죠. 그래서인지 '주택도시보증공사HUG'에서 유휴 공간들을 새롭게 활용할 수 있도록 대출 형태의 자금지원을 해준다는 이야기를 들었어요.

오롯: 방식은 조금씩 달라도 목표점은 비슷합니다. "어떻게 하면 유휴 공간을 적절하게 활용하면서 주민들을 모이게 할까?" 공간은 예쁘고 클수록 좋다지만, 막상 공간과 주민 사이에 괴리감이 있다면 안 되겠죠. 실제 비싼 돈을 들여서 유휴 공간을 박물관이나 미술관처럼 만든 곳도 있어요. 그런데 정작 주민들에겐 부담스러운 거죠. 마을 사람끼리 활용하기에는 옛날 경로당이나 마을회관처럼 가깝고 편하게 갈 수 있는 곳이어도 충분한데 말이에요. 제약이 심할 경우, 전기세가 많이 나오니 야간에 못 쓰게 하는 곳도 있고요.

저는 거점 공간은 누구나 쉽게 접근할 수 있어야 하고, 그만큼 이용 가능 시간에 장벽이 존재하면 안 된다고 생각해요. 그래서 돈이 적게 들어가는 빈 공간에 만드는 게 합리적이지 않을까…. 유휴 공간은 자본의 선택을 못 받은 곳이잖아요. 그렇기 때문에 비용을 적게 들여서 공간을 형성할 수 있죠. 전기세가 많이 나와서 안 되고 시설이 망가져서 안 되는 게 아니라, 더 쉽게 고칠 수 있고 접근 방식도 높아야 하죠.

비전문적인 분들이 시공하는 거니 "삐뚤빼뚤해도 괜찮아"라는 DIY 정신이 통용되는 공간이어야 하고, 노후했으면서 사람들이 관심을 덜 가졌던 곳이 좋죠. 폐가 등이 점점 많아지면서 주민들이 외부로 빠져나가는 현상에 관심을 갖고 함께 공간을 고쳐나가보자는 목표를 가졌던 거거든요.

처음에는 이를 지역의 시니어분들이 주도하지만, 이 시스템이 잘 자리 잡힌 지역은 청소년들도 보고 따라 하면서 다양한 형태의 유휴 공간이 개선되고 활성화됩니다. 저는 여기에서 DIT의 가치가 파생된다고 생각하고, '거점 공간형'의 경우 10~20평 정도의 유휴 공간을 목표로 잡습니다.

윤: 굉장히 넓은 공간이 아니어도 되네요? 거점 공간과 랜드마크의 차이겠군요.

오롯: '축제형 DIT'는 랜드마크화하기 위해 벌이는 거고, 공간의 활성화가 필요하니 공간이 너무 작으면 효과가 적죠. 즉, '축제형'의 목표는 더 넓은 공간에 더 다양한 사람이 오는 거예요.

'거점 공간형 DIT'는 실제 그 공간 안에 모일 사람들을 위한 규모로 짓는 게 적절하다는 데 목표점을 두고 다양한 센터와 이를 개인적으로 희망하는 사람들을 돕고 있습니다.

윤: 그중에서도 10~20평 정도의 공간이 좋다고 특정하신 이유가 있나요?

오롯: 저는 '5분 생활권'을 좋아해요. 주민들이 자주 모이고 쉽게 모이려면 오가는 동선상에 공유 공간이 있어야 해요. 즉, 10평, 혹은 15평짜리 공간이 마을에 딱 하나만 있는 게 아니라 다양하게 여러 개 있어야 더 좋죠. 저는 이 5분 생활권 내에서 모일 수 있는 주민이 20명 이내일 거라고 생각했어요. 전체적으로 다 모이면 더 많겠지만, 실제 그 공간의 필요성을 느끼고 모일 인구가 5분 생활권 내에서는 20명 이내일 거라고 본 거죠. 이러면 관리하기도 편하죠. 넓으면 관리하기가 힘들어요. 필요하다면 또 만들면 되고요. 저는 마음 맞는 사람끼리 공간을 잘 꾸려나가기 위해서는 적정 규모가 필요하다고 생각해요.

윤: 5분 생활권으로 구상했을 때, 10~20평 정도면 주민 20명 정도가 모여 함께 활동하는 공간으로 사용하기 충분하다는 거네요. 괜

히 크고 넓은 공간으로 만들려다 불발되는 것보다 남는 공간을 요긴하게 활용할 수도 있고….

오롯: 외지인한테 자랑하려고 만든 공간이 아니라, 주민들이 쉽게 방문해서 편하게 쓸 공간이어야 하니까 주민에게 최적화된 공간, 규모가 필요한 거죠.

윤: "자기 집을 자신의 손으로 짓는 것처럼, 우리의 공간을 우리의 손으로 만든다." '거점 공간형 DIT'의 취지가 정리되네요. 내 공간을 나 혼자 만들면 DIY, 우리 공간을 같이 만들면 DIT…!

오롯: 네. DIY를 하는데, 같이 만드니까 DIT가 되죠.

윤: 함께 쓰는 공간이니 DIT의 구성원이 곧 수요자가 되고요. '축제형 DIT'는 "나는 목공이 즐거워, 목공 좋아하는 사람들이 모여서 한번 좋은 시간 가져보자!"라며 즐기며 참여한다면, '거점 공간형 DIT'는 공간을 쓸 실제 수요자가 와서 동참하는 거잖아요.

그런 차원에서 '거점 공간형'은 상황통제 면에서 '축제형'과 비교해 필요한 인적자원 규모가 다를 것 같아요.

오롯: '축제형'은 주로 다양한 지역에서 모집하고요. '거점 공간형'은 이미 활동 중이던 지역 주민들이 공유 공간의 필요성을 느꼈을 때 매칭되는 경우가 많아요. 안전통제 측면은 '축제형'과 같습니다. '거점 공간형'의 경우도 한 10~15명의 주민들과 함께 교육을 진행하고요. 그 공간을 직접 필요로 해 쓴다는 점에서 적극성을 지니기 때문에 DIT 마스터를 6명 정도로 구성해 진행하고 있습니다.

윤: 어떤 면에서는 도시재생대학의 집수리 교육과 방금 말씀하신 '거점 공간형 DIT'에 유사성이 있어 보여요. "집수리 교육도 일종의 DIY를 가르치는 거고, 집수리 교육을 함께 수강한 분들이 한 거점 공간에 투입되면 이것이 바로 DIT가 되는 게 아닐까?"라는 생각이 드는데요.

오롯: 집수리와 관련한 얘기가 나올 때 'DIY', 'DIT', '집수리 지원사업' 이렇게 세 용어가 가장 많이 언급되는데, 이 세 가지의 방향성이 완전히 달라요.

도시재생에서 진행하는 '집수리 지원사업'은 내가 사는 건물이 너무 노후해 DIY 정도로 개선이 안 되는, 전문적인 '치료'가 필요한 수준일 때 진행하는 사업입니다. 전문가가 투입돼 고쳐야 하기 때문에 요구 수준도 높고, 비용도 많이 들죠. 그래서 지자체 비용을 매칭하여 진행하는 곳이 많습니다. 개인 재산권도 복잡하게 포함되어 있어 다양한 지원사업을 통해 집수리를 지원합니다.

DIT는 어떻게 하면 유휴 공간에 공유 공간을 만들어 사람들을 모이게 할지, 그 안에서는 무엇을 함께 할지 등 커뮤니티 디자인 접근 방법을 띠고 있죠. 집수리와 DIT, 두 가지가 혼재돼 있을 수도 있고, 서로 접목시킬 수도 있지만, 그 시작점 자체는 다르다고 말씀드릴 수 있어요. 집수리 지원사업을 원하는 분들을 모셔서 DIY를 한다고 집수리가 되지는 않으니까요.

DIT는 어떤 사람을 모으냐도 중요하지만, 실제로 DIY가 충분히 가능한 공간을 잘 선정하는 게 중요해요. 물론, 폐가나 시민단체에서 관심을 두는 멸실 수준의 공간에서도 DIT가 불가능한 건 아니에요. 그런데 그 정도 공간이라면 상당히 높은 수준의 DIY 실력을 갖춘 사람들이 도전해 진행하는 것이 맞겠죠.

저 같은 경우도 건축법상 문제가 없는 조건의 '멸실 수준의 공간'을 찾고 있어요. 대도시에서 공간을 구하려면 비싸잖아요. 그런데 그런 공간은 서울에서 한 평 값도 안 되는, 말도 안 되는 비용으로 살 수 있더라고요? 이런 공간을 시간을 두고 고칠 때, 사람들을 모집해 교육을 병행하며 진행할 수도 있어요.

그런 공간에 사람이 제일 많이 필요할 때가 있는데, 공간을 치우고 정리하는 간단한 작업을 반복해야 할 때거든요. 앞으로 공간이 어떻게 활용될지 홍보도 해야 하고 일할 사람도 많이 필요하기에 축제 형식의 프로그램을 열 수도 있고, 교육 방식으로 풀어낼 수도 있어요. 참여하는 사람들의 성향을 'DIY', 'DIT', '집수리 지원사업' 등으로 나누고, 'DIY 교육', '축제형 DIT', '거점 공간형 DIT' 등으로 수단을 달리해 사용하는 거죠.

윤: 실제 경험하신 '거점 공간형 DIT' 케이스가 또 있나요?

오롯: 지자체 또는 도시재생지원센터와 협업해서 진행한 사례가 3건 있습니다. 실제로는 DIT에 대한 문의가 많이 오는데, 집수리 지원사업으로 풀고자 하는 경우는 거절했어요. 그 공간을 쓰고자 하는 주민들, 기술 이전을 받으려는 명확한 주체가 있어 취지가 명확한 경우에만 진행했죠.

윤: 아마도 집수리를 받은 분들이 유휴 공간을 같이 꾸며서 마을

을 위한 공용 공간을 만들면 좋겠다는 취지로 집수리 교육과 병행하는 DIT를 부탁하셨을 것 같아요.

오롯: 〈오롯컴퍼니〉가 하는 DIT가 맞고 다른 방식은 틀렸다고 말하고 싶지는 않아요. 다양한 방식이 필요하죠. 그런데 스스로 만들어 갈 생각을 갖고 있는 것과 실제 집수리 분야에 요구되는 전문성에는 차이가 있죠.

쉽게 말해 DIY는 일종의 '응급처방'이에요. 엄마 약손이나 공공장소에 비치된 CPR 장비 같은 거죠. 주민들이 배워서 얼마든지 충분히 활용할 수 있잖아요. DIT는 '건강을 증진하고 병을 예방하기 위해 같이 운동하자는 제안'이죠. 그런데 집수리 지원사업은 '응급의료센터'에요. 포인트와 필요성이 아예 달라요. 상황에 따라 어떤 차이점이 있고, 어떤 상황에서 뭐가 필요한지를 명확하게 알아야 하는데, 응급의료센터에서 명상하고 요가를 하겠다면 안 맞는 거잖아요.

윤: 그렇다면 오히려 지역 주민을 위한 목공교실 이런 쪽이 DIT 문화에 더 가깝다고 할 수 있나요? 소품 제작교육에 치중돼 있긴 할 테지만요.

오롯: 전체적인 인테리어에 대해 얘기하면서 같이 쓸 테이블이나 의자를 만든다면 DIT로서 가치가 있고 DIT 프로세스 안에 들어간다고 생각하지만, 각자 자기 집에서 쓸 의자나 테이블을 만든다면 DIT가 아니죠.

윤: 어떤 면에서는 DIY와 DIT가 서로의 영역을 자연스럽게 넘나들 수도 있을 텐데, 명확히 구분하시네요.

오롯: 딱 나누어 구분하는 것은 아니에요. 근데 이런 경우가 있었어요. DIY 교육을 10회 받으면 집수리 회사를 만들 수 있는지를 물어보시는 거예요. 응급처방법을 잠깐 배워서 병원을 설립할 수 있을까요?

시공 자격증도 마찬가지예요. 도장기능사 자격증을 땄다고 전반적인 페인트 시공을 모두 할 수는 없는 거고, 자격증을 따고 난 후에도 깊이 있는 전문교육과 다양한 방식의 훈련을 쌓아야 하죠. 의대를 졸업하고 괜히 레지던트 과정을 거치는 게 아니듯이요. 집수리 회사를 설립할 목표를 세운 주민들을 교육해야 하는 거라면, 지금 고용노동부에서 NCS 과정으로 진행하는 집수리 교육 과정을 참고하시고, 그 교육기간이 6개월인 이유를 생각해보시면 된다고 답변합니다.

이런 이유 때문에 집수리 지원사업과 집수리 봉사와 연계된 일도 경계하는 편이에요. 봉사활동은 좋은 마음으로 하는 것인 만큼 감당할 수 있는 수준에서 해야 하죠. 곰팡이가 엄청 피어있는 곳인데, 집수리 봉사로 접근해 일회성 시공에 나섰다가 한두 달 있다 또 곰팡이가 생길 경우 곤란한 일이 벌어져요. 실제로 집수리를 하려 했던 분은 한 번 지원을 받았기 때문에 다른 지원을 더 못 받는 일이 벌어져요. 제대로 된 치료를 받을 기회를 놓치는 거죠.

이와 비슷한 사례를 많이 접하는데, 봉사활동도 제대로 해야 좋은 일이 되고, 제대로 된 기술을 가진 사람이 함께 해야 봉사를 받는 분들에게도 실제 도움이 된다는 얘기를 드리고 싶습니다.

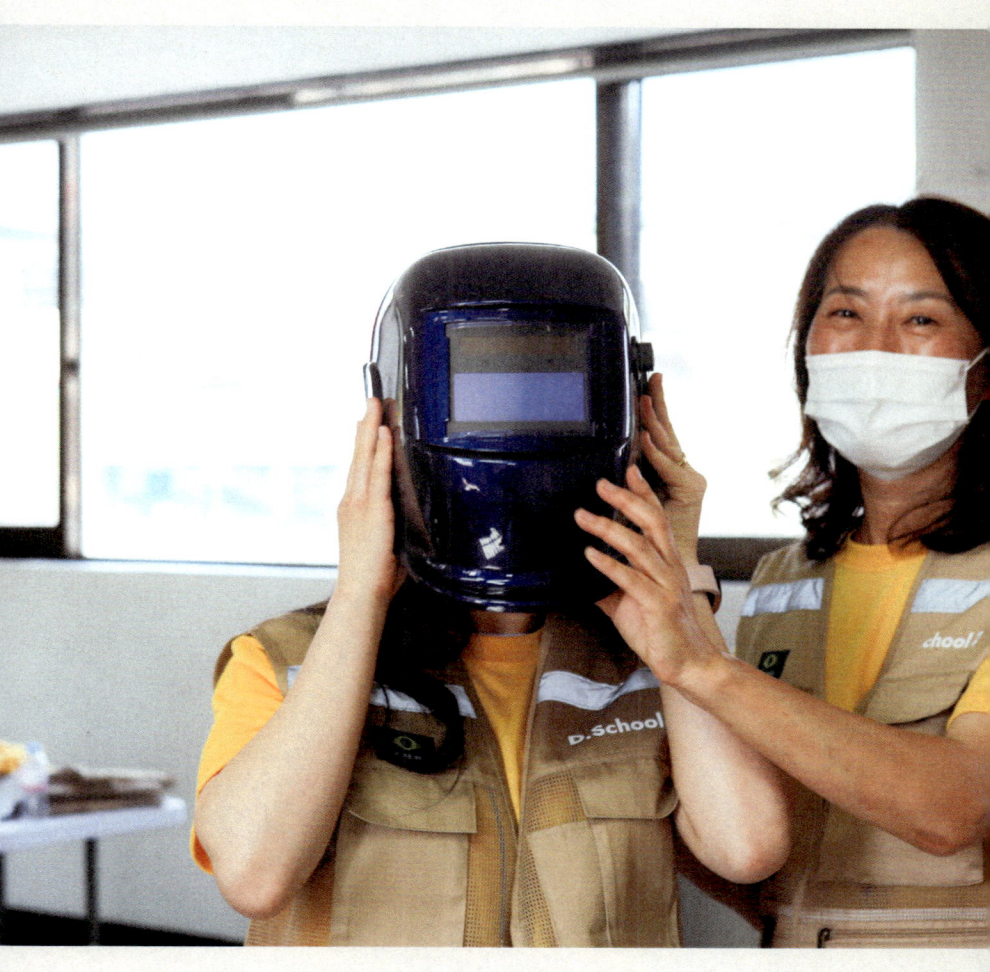

홍천 D스쿨

" 비전문적인 분들이 시공하는 거니 '삐뚤빼뚤해도 괜찮다'는 DIY 정신이 통용되는 공간이어야 하고, 사람들이 관심을 덜 가졌던 곳이 좋죠. 주민들이 외부로 빠져나가는 현상에 관심을 갖고 함께 공간을 고쳐나가보자는 목표를 가졌던 거거든요. "

❝ 공간을 함께 고치는 일은 처음에는 지역의 시니어분들이 주도하지만, 시스템이 잘 자리 잡히면 청소년들도 보고 따라 하면서 다양한 형태의 유휴 공간이 개선되고 활성화됩니다. 저는 여기에서 DIT의 가치가 파생된다고 생각해요.

주민들이 자주 모이고 쉽게 모이려면 '5분 생활권', 주민이 오가는 동선상에 공유 공간이 여러 개 있어야 해요. ❞

6장

공유 공간 발전을 위해 만든 DIT 매뉴얼

윤: 지금까지 '축제형 DIT'와 '거점 공간형 DIT' 이야기를 나눠봤는데요. 용도나 목적에 따라 DIT의 양상이 달라진다는 것을 알게 됐습니다. 이제 실제로 DIT를 실행한다면 어떻게 준비해야 할지를 여쭤보고 싶어요.

오롯: 다양한 지자체에서 문의가 오다 보니 꼭 저희한테 맡기지 않더라도 실제 시공을 할 줄 알고 커뮤니티 디자인을 할 수 있는 분들이라면 응용할 수 있도록 DIT 매뉴얼을 만들기도 했어요. 지금부터 DIT 실행 과정과 어떤 일을 하는 사람이 왜 필요한지를 설명 드릴게요.

먼저 DIT를 기획하면 D-day가 설정됩니다. 저는 DIT 워크숍을 2박 3일로 설정했습니다. 주민들과 같이 DIT를 하려면 주민들이 참가 가능한 일정으로 진행되어야 하는데, 여러 도시재생지원센터, 마을 공동체센터와 대화해보니 3일 정도면 거점 공간 조성을 위해 시간을 낼 주민을 모을 수 있다는 의견이 많았어요. 이게 2박 3일 기준으로 워크숍을 구성한 계기입니다. 워크숍 진행 요일은 금·토·일도, 화·수·목도 가능합니다. 일정은 형편에 맞춰 자유롭게 기획하면 됩니다. 요즘 진행되는 '청년마을'의 경우는 5박 6일로도 할 수 있겠죠.

D-day가 설정되면 최소 한 달 전부터 기획회의를 해야 합니다. 일단 기간과 상관없이 탄탄한 기획을 거쳐야 해요. DIT 기획자는 우선 누구를 모을지부터 선정해야 합니다. 주민들 중 함께 할 수 있는 사람 10~15명을 모으는 과정이 있어야 하고, 주민들이 시간을 마련할 여유도 감안해야 하니까요.

현장 여건에 따라 두세 달 전부터 기획회의를 시작하는 팀도 있습니다. 모집 기간도 2~4주 정도로 충분히 잡고요. DIT 마스터도 섭외해야 하기 때문에 적어도 한 달 전부터는 DIT 워크숍을 기획해야 합니다. 가장 이상적인 건 지역에 거주하는 DIT 마스터가 DIT를 기획하는 것이에요.

⟨DIT 프로그램 일정⟩

일시	내용	문제해결과정 + DIY + DIT 융합 프로그램		
		DIT팀 + 도시재생지원센터 co-working		
		공간기획 / 목공 / 조명 / 페인트 / 여성기술	행정지원	영상
D-1M	사전 기획	- 2~3회 사전 기획회의		
D-2W ~ D-1	디자인싱킹	- 공간기획 워크숍 - 필요한 공간은 무엇인가		
	재료 준비	- 디자인에 따른 재료 준비		
D-day	워크숍	- 핸드드로잉 기법 - 목공기술 (켜기, 자르기, 결합하기) - 테이블, 벤치 등 제작	- 예산 지원 - 출석 체크 - 코로나 확인 - 식사 준비 - 사진 촬영	- 아카이빙 - 영상/사진
	네트워킹 데이	- 참가자, 지역활동가, DIT 관심 있는 사람들 초대해 관계 맺기		
D+1	워크숍	- 공간 색채학 (인테리어 기본) - 페인트 조색 및 도장 - 벽, 바닥, 문 등 도장		
	네트워킹 데이	- 참가자, 지역활동가, DIT 관심 있는 사람들 초대해 관계 맺기		
D+2	워크숍	- 공간의 완성 - 본인들이 들고 갈 수 있는 의자 등을 만들기 (동기부여)		
D+4~1M	보고서 제작	- 예산 정산 및 보고서 작성		영상물 제작

또, 최소 1개월 전에 "어떤 공유 공간을 만들 것인가?"를 선정해야겠죠. 청소년이 모여서 무언가를 하는 아지트로 만들 건지, 주민들이 마을회의를 하기 위한 주민자치회의 활용 공간으로 만들 건지, 마을 이장단이 활용하게 할 건지 등을 참여자들과 선정합니다.

윤: 마을 공유주방이나 마을 피트니스센터도 구상 가능하겠네요. DIT로 상상 가능한 공유 공간이 굉장히 무궁무진하네요! 그게 기획 단계에서 명확해지는 거죠?

오롯: 공간은 주민들의 니즈에 따라 다양하게 선정할 수 있고요. 그 과정에서 필요한 예산도 산정될 테죠.

윤: 어떻게 보면 지역사회의 전반적인 니즈가 반영되는 시점이 실제 DIT 워크숍 한 달 전에 진행되는 기획회의라고 볼 수 있군요.

오롯: 네, 그때 행정 쪽과도 조율이 들어가요. 행정 관계자가 주민들의 이해나 니즈를 너무 읽지 못한 상태에서 필요한 걸 얘기할 때가 있어요. 저도 정답을 안다기보다 제 경험 아래서 "그런 것들을 정말 주민이 원할까요?"를 질문하면서 조율해 나갑니다. "이후 진행될 '디자인싱킹 공간기획 워크숍' 때 다시 체크해 나갑시다"라고 가능성도

열어놓습니다.

이어 D-day 2주 전에 여기가 어떤 식으로 꾸며지면 좋겠는지 하루짜리 공간기획 워크숍을 가집니다. 저의 경우 건축 설계 방식으로 공간이 어떻게 짜이면 좋겠고, 동선이 어떻게 나오면 좋을지를 예산에 맞춰 기획합니다.

윤: 공간기획 워크숍은 당일 시공하실 분들이 모여서 회의하는, 일종의 오리엔테이션인 셈이네요.

오롯: 오리엔테이션 겸 디자인이 실제로 나오는 날이죠. 어찌 보면 짧은 시간 동안 이루어지는 해커톤(* Hackathon: 해커와 마라톤의 합성어, 소프트웨어 개발 분야에서 연관 작업군의 사람들이 프로젝트를 함께 작업하는 것을 말함)이죠.

필요에 따라서는 가구를 직접 만들 수도 있고, 사서 넣을 수도 있어요. 이런 요소들이 어느 정도 결정되면 2주 동안 DIT 마스터들의 도움을 받아 재료를 준비해요. 페인트, 바닥 자재, 필요한 가구도 주문을 다 넣고요. 워크숍이 끝날 즈음에 맞춰 가구를 들여놔야 하니까 보관 공간도 필요하고, 모든 걸 치밀하게 계획해야 해요.

윤: 견적을 잘 내야 적정한 재료를 예산에 맞춰 살 수 있겠어요. DIT 마스터와 같은 전문가가 필요한 이유네요.

오롯: 실제 업으로 시공을 해본 사람이 견적을 잘 내거든요. 이런 준비 과정들이 있다는 전제하에 한 달 전부터 같이 기획을 하는 거죠. 또 이를 아카이빙해줄 영상팀도 필요합니다. 프로 수준의 팀이 아니더라도 지역에 영상에 관심 있고 유튜브나 브이로그를 찍는 청년이 있다면 충분히 협업해 진행할 수 있습니다.

그런데 이런 것들은 관공서 예산으로 진행한다면, 공사로 볼 것이냐 행사로 볼 것이냐에 따라 조건이 달라져요. 비용을 조금 더 편하게 쓰기 위해서는 자유도가 높은 쪽으로 진행하는 것을 권장합니다.

윤: 어떤 차이가 있나요?

오롯: DIT를 공사로 간주할 경우, 관공서에서 공사를 맡길 시 이를 점검하는 프로세스를 따라야 합니다. 면허가 없는 경우에는 1,500만 원 이상의 시공은 진행할 수 없다든지 하는 규모의 제한도 있고, 감리도 엄격하게 봅니다. 그런데 인테리어 회사의 전문적인 시공도 아니고, 여태까지 경험해보지 않은 주민들이 직접 참여하고 원하

는 대로 만드는 새로운 형태의, 좀 삐뚤빼뚤하고 하자도 있을 수 있는 형태의 공간을 만드는 게 DIT거든요. 기능적인 하자가 없다면 충분히 감안하고 넘어갈 수 있는 부분도 관급 공사로 진행하면 하자로 간주하는 경우가 나올 수 있죠.

그렇기 때문에 자유도가 높은 DIT의 목적을 달성하기 위해서는 학술연구 용역이라든가 자유용역으로 계약하는 것이 낫습니다. 〈오롯 컴퍼니〉의 경우, 공사용역이 더 익숙해서 공사용역으로 받은 다음에 용역 범위 안에서 공사와 병행해 주민들을 대상으로 하는 DIT 워크숍을 진행한 경우도 있어요.

윤: 다시 정리하면 DIT 기획회의에서 실무계획 단계까지 약 보름 정도가 소요된다?

오롯: 이것도 경험 있는 DIT 마스터가 없다면 한두 달이 걸릴 수도 있어요.

공간기획 워크숍은 보통 원데이 클래스로 디자인싱킹을 활용합니다. 방향성은 기획회의 단계에서 정해졌을 테니 디테일한 디자인이 나오도록 진행합니다. "책상을 몇 개 두는 게 좋겠다", "조도는 어느 정도가 좋겠다", "환기가 불량하니까 환기설비를 넣어야겠다" 등 지엽적인 얘기가 오가요. 또, 공유 공간이니까 그 공간만 보는 게 아니라 공간을 알리기 위한 홍보비용도 쓸 수가 있을 테죠. 이런 부분을 종합적으로 함께 설계해주는 게 DIT 마스터의 역할입니다.

한마디로 "공간을 어떻게 꾸며볼까?"를 구체적으로 계획하는 거죠. 참여자들이 진짜 어떤 생각을 가지고 있는지, 원하는 게 무엇인지를 소통하죠. 원하는 공간이 만들어져야 정을 붙이고 계속 방문이 이루어지기 때문에 니즈를 끌어내는 퍼실리테이터 능력이 상당히 중요합니다. 이 단계에서 기존의 인테리어 회사라면 발상해내기 힘든 결과물들이 나올 수도 있어요. 앞선 특성화고등학교에서 외계인과 우주선이 날아다니는 우주 공간을 구상한 것처럼….

윤: DIT 마스터의 역할이 중요하다는 사실은 충분히 알겠는데, 모두 몇 명이나 필요할까요?

오롯: 실제로는 6~7명 정도가 필요하지만, 경험상 DIT 마스터 6~7명을 모으기가 쉽지 않아요. 마음이 잘 맞는 DIT 마스터를 섭외하다 보면 보통 2~3인에 불과한데, 여기서 주관기관의 행정지원이 굉장히 중요합니다. DIT 마스터 2~3명이 시공에만 전념할 수 있도록 이들

디자인싱킹 공간기획 워크숍

화성시 마을공동체지원센터 공간기획 워크숍

을 보조하기 위한 행정인력 2명 정도와 특별활동을 책임지면서 DIT를 보조해줄 인력 1명(* 예: 신체 밸런스를 도와줄 요가 선생님) 등을 보충해 6~7명 규모의 리더십 그룹을 조직하죠.

DIT 당일이 되면 행정지원팀은 당일의 점심 준비라든가 체크인(* 예: 코로나19 출석부 작성), 숙소 배정 등 진행을 담당해 DIT 마스터의 시공을 돕고, DIT 마스터 3명은 시공 안전을 점검하고 시공교육을 전담합니다. 다수의 비전문인이 장비나 공구를 공동으로 사용하기 때문에 만약을 대비해 나사 하나라도 헐거워지지는 않았는지 꼼꼼히 점검해야 해요.

윤: 이제 본격적으로 공간기획을 위한 원데이 워크숍이 시작될 텐데요! 시간은 어느 정도 소요되나요?

오롯: 보통 오전 10시부터 시작해 오후 4시까지 진행해요.

윤: 오전 10시부터 오후 4시까지라면 실제 워크숍 시간은 5시간뿐인데, 충분한 결과가 도출될 수 있나요?

오롯: 그게 DIT 마스터의 역량입니다. 어느 정도 복안도 가지고 있어

야 해요. 그래서 사전 기획회의가 되게 중요하고, 합이 잘 맞아야 해요. 이미 주민의 니즈를 잘 파악한 센터와 함께한다는 가정하에 그 니즈를 어떻게, 어떤 방식으로 해결하며, 주최 측이 어느 정도까지 수용할 수 있는지를 회의하죠.

다시 특성화고등학교 예를 들면, 우주선이 나오는 디자인은 일반적인 교실에서 나올 수 없는 형태의 아이디어인데 이것까지 수용 가능할지 하는 것들을 제가 결정권자에게 미리 허락받은 후에 진행하는 거죠.

윤: 주민이나 참여자의 의견을 다 수렴하는 듯 보이지만, 이미 사전기획 단계에서 목표치를 정해놓고 현실을 감안해 시작하는 거다?

오롯: 진짜 주민들 마음대로 하려면 각자가 돈을 걷어서 하는 것이 맞겠죠. 예산을 주는 기관의 한계나 조건도 있을 거고, 다수의 주민들이 필요한 곳에 쓰라는 의도도 있으니 이 조율을 잘해가는 것도 DIT 마스터의 역할이죠.

윤: 행정에서 파견된 분 외에도 마스터가 중간 조율 역할까지 해가며 분위기를 무르익게 해야 하겠군요. 2주 전에 진행하는 공간기획

워크숍 이후 실제 당일까지는 재료 준비라든가 시공에 필요한 준비들을 이어가겠고요.

오롯: 네, 실질적으로 결정된 사항들에 관한 재료와 장비 준비를 다 끝내는 게 공간기획 워크숍 이후 2주간에 일어나는 일이죠.

윤: 2주라고 하니 생각보다 여유 있게 느껴지는데요!

오롯: 앞서 이 과정을 해커톤에 비유했는데, 결과물의 모습을 완벽하게 결정하는 게 아니라 결승전까지 도달하는 데 필요한 그림을 그린다는 의미에요. 사실 중간중간 아쉬운 부분들이 생기거든요. "공간은 남색으로 합시다", "조명은 밝게 샹들리에를 설치합시다" 등 원하는 디자인을 조금 더 추가하면서 남은 2주간 조율과 수정을 더해가죠.

윤: 공기工期라는 시간적 측면에서만 보면 DIT가 낭비일 수도 있겠다는 생각도 듭니다. 같은 일을 인테리어 업체에 맡기면 설계에서 시공까지 보름이면 끝날 테니까요.

오롯: 그럴 수 있지만 결과적으로 주민에게 진짜 필요하고 적합한 공

간이 아닌 평이한 공간이 나오겠죠. 그리고 DIT는 예산 자체가 적을 수밖에 없어요. 저는 DIT가 주민들이 직접 배운 기술로 같이 쓸 공간을 만들어내고, 나아가 그 기술로 개인적인 공간에서도 필요한 부분을 고치는 등 가치 파생을 목표로 한다고 생각해서 전적으로 조금 느슨해도 필요한 과정을 모두 거치는 게 맞다고 생각합니다.

윤: 그러면 그 시간 동안 기술 워크숍도 이루어지나요?

오롯: 시공 워크숍에서 배울 내용들을 공간기획 워크숍에서 예고합니다. 디자인씽킹을 하는 과정 속에서 배우고 싶은 시공기술이 있는지도 물어보고요. 저희는 기본적으로 DIY를 하기 쉬운 목공, 조명, 페인트 쪽을 많이 다루는데, 타일, 바닥 에폭시 같은 분야도 니즈가 있어요. 물론 시간이 많이 필요해 자주 하지는 않지만, 니즈가 확실하다면 공간 디자인에 반영합니다. 화장실이나 주방을 꾸밀 때 많이 필요한 기술이라 사람들이 요긴하게 배워갑니다.

윤: 업자에게 맡기면 하자 보수에 대한 이행 증권을 끊고, 각서도 쓰잖아요. DIT는 나중에 보수가 필요하면 주민이 직접 하나요?

오롯: 맞습니다. 그렇게 할 수 있도록 저희가 기술을 알려드리는 거

죠. 직접 공간을 보수해야 하기 때문에 보수하기 수월한 방식으로 시공하고요. DIY라는 방식 자체가 시공하기도 수월하지만, 보수하기도 수월한 거죠. 만약 인테리어 업자가 고퀄리티로 작업해놨을 경우에는 숙련된 기술자만이 고칠 수 있겠죠.

윤: 용접 같은 분야는 일반 주민이 보수까지 하기에는 부담스럽겠네요. 물론 주민 중에서 찾으면 할 수 있는 분이 나오긴 하겠지만, 쉬운 일은 아닐 테죠.

오롯: 실제로 즉석에서 용접을 DIT에 접목해본 적이 있어요. 저희 쪽이 용접기술을 가지고 있지는 않지만 용접에 대한 니즈가 나왔고, 현장에 용접을 가르칠 수 있는 분이 존재해서 가능했어요. 그렇게 즉석에서 현장 디자인을 변경할 수도 있어요. 디자인싱킹 자체가 5시간 만에 나온 거라 현장 수정도 어느 정도 감안합니다. 결론적으로 열린 사고를 갖고 현장에서 융통성 있는 대처를 해나가는 것이 중요하죠.

윤: 마을 주민이 동원할 수 있는 자원 내에서 가능한 것은 충분히 시도해볼 수 있겠네요! 근데 말씀을 듣고 나니 DIT 마스터, 혹은 초청되는 시공팀의 마인드가 더 중요하겠다는 생각이 듭니다. 지금 말

쏨하신 대로면 시공 기간은 전문가가 하는 시공에 비해 더 걸리지만, 일반 시공만큼 보수를 받는 건 아니잖아요? DIT 마스터들도 소셜 미션 없이는 이 일을 못 할 것 같다는 생각이 들어서요.

오롯: 사실은 이 부분에 대한 포럼과 세미나가 있었습니다. 저는 전문 시공자들을 대상으로 전체적으로 DIT를 확산해 나가겠다는 아이디어는 반대했어요. 〈오롯컴퍼니〉는 커뮤니티 디자이너가 만든 시공회사라 특별한 거죠. 회사 차원에서 커뮤니티 디자인을 해나가기 위한 수단으로 시공을 활용하는 거라 DIT에 우호적인 거예요. 지역과 지역 주민, 주관기관과 서로 관계를 맺으며 발전해갈 수도 있고, 시공기술을 가르쳐주는 일을 좋아하기 때문에 DIT 프로그램을 해나가는 거지, 만약 시공회사로 영리 중심의 구조였다면 참여하기 쉽지 않았을 거예요.

각 사람의 동기부여 문제도 있고, 시공회사라면 '왜 굳이?'라는 생각을 할 겁니다. 즉, 산업구조의 문제인 거죠. 제가 여러 시공팀하고 얘기해봐도 "굳이 내 기술을 무료로 남한테 알려줘야 되나?"라는 인식이 상당히 일반적이에요. 물론 젊은 시공팀 중에서는 같이 뭔가를 하는 게 즐거운 사람들, "오~ 같이 만들면 재밌겠다"라는 반응을 보이시는 분들도 있어요. 그럼에도 불구하고 그분들도 이 일을 하려면 생각보다 시간이 많이 필요해요. 시간을 조금 더 자유롭고 유동적으로 쓸 수 있는 사람이어야 참여할 수 있는데, 시공회사에서는 항상 낮에는 현장에 가 있어야 하니 기획회의 진행도 부담스럽죠.

저는 DIT뿐만 아니라 다양한 커뮤니티 사업들을 해나가고 있어요. 시공이 들어오면 시공도 하고, 커뮤니티 관련 공동체 활성화 사업에도 참여하기 때문에 빈틈을 만들어 그 빈틈을 일종의 사회공헌으로 보고 참여하고, 결과물이라는 리워드를 받는 셈이에요.

다른 한편으로 DIT에 참여하는 시공팀을 일반 전문 시공팀이라고 가정하기에도 무리가 있을 것 같아요. 그러나 DIT가 앞으로 어떻게 확산될지는 아무도 몰라요. 저 개인은 DIY 인구가 DIT를 해나가기를 바랍니다. DIY 인구 중에는 시공자도 있고, 취미로 목수일을 하는 사람도 있을 거예요. 장기적으로 DIY 인구의 작업 수준이 점점 높아지는 데 비례해 DIT 문화가 성숙할 것이라고 생각하죠.

홍천 D스쿨 (고물상에서 보물 찾기)

" 〈오롯컴퍼니〉는 DIT뿐만 아니라 다양한 커뮤니티 사업들을 해나가고 있어요. 시공도 하고, 커뮤니티 관련 공동체 활성화 사업에도 참여하는데 빈틈을 만들어 그 빈틈을 일종의 사회공헌으로 보고 참여해 결과물이라는 리워드를 받는 셈이에요. "

홍천 D스쿨 (네트워킹 시간)

6장. 공유 공간 발전을 위해 만든 DIT 매뉴얼

7장

DIT 워크숍 1일 차

윤: 이번에는 실제적으로 진행되는 DIT 워크숍 이야기를 해보려 합니다.

오롯: 한 달 전부터 DIT를 기획해야 한다는 점을 계속해서 강조하고 있는데, 그만큼 치밀하게 설계해야 한다는 뜻입니다. 비숙련자들과 진행하는 데다 공간뿐 아니라 공동체까지 고려해야 하기 때문에 어떻게 설계하고 완성할 것인지 기획하는 데 많은 시간이 필요합니다.

윤: 우선 DIT 워크숍이 열리기 한 달 전에 우리가 원하는 공간이 무엇인지를 함께 토론하는 오픈이노베이션 방식으로 설계했잖아요? 그렇더라도 전문가가 한 설계가 아니기 때문에, 보완 과정을 거쳐

DIT 워크숍이 준비된다고 말씀하셨어요. 정확히 어떤 것들이 준비되나요?

오롯: DIT는 DIY 교육과 커뮤니티 디자인이 결합된 형태죠. 그래서 참가자들이 DIY 시공 능력을 배양하기 위해 참가하게 돼요. 그렇기 때문에 단순히 "이런 공간이 만들어지면 좋겠어"를 넘어서 사람들이 '동일하게' 배운 기술을 '동일하게' 쓰면서 공간이 만들어지는 데 적절한 DIT용 디자인이 나와야 합니다.

그다음 작업에 관련된 재료들을 준비하고, 어떤 기술들이 추가로 필요할지를 정리합니다. 팀 내에서 구현하기 어려운 기술이 필요하다면 강사진 구성도 다시 하죠.

기획팀끼리만 준비하는 게 아니라 관계가 맺어진 주민, 학생들과의 단톡방을 만들어 "이런 디자인은 어떨까?", "저런 디자인은 어떨까?" 구현 가능한 것들을 계속 묻고 의견을 조율합니다. 사전 워크숍에서 어느 정도 결정이 지어지지만 더 하고 싶은 게 생각날 수도 있으니까요.

또, 공간을 미리 정해놓은 채 진행하지 못하고 막연하게 "이런 공간을 만들고 싶다" 정도만 그려진 상황일 때는 공간도 섭외해야 하기 때문에 충분한 준비 시간이 필요합니다. 만약 다 준비돼 있는 상황이라면 시간은 훨씬 단축되겠죠!

윤: DIT 당일 비숙련자들이 왔을 때 짧은 교육을 받고도 작업을 충분히 해낼 수 있을까 의문도 들어요. 한 달 사이의 준비 기간 동안 집수리 워크숍을 하거나 목공기술을 따로 배운다면 더 도움이 되지 않을까요?

오롯: 이미 공간기획 워크숍에서 어느 정도 디자인이 나왔으니까 저희는 처음 시공하는 사람의 입장, 비숙련자 중에서도 수준이 낮은 사람을 기준으로 어떻게 교육할지를 계획합니다. 그렇기 때문에 비슷한 수준의 사람들을 모아서 진행하는 게 효과적이죠.

DIT 당일 전날까지 준비해야 할 것 중에 가장 큰 부분은 자재와 장비지만, 더 중요한 건 DIT에 참여하기로 한 구성원들에게 준비 기간인 한 달간 끊임없이 동기부여를 해야 합니다. 의지가 충만한 상태에서 워크숍 1일 차가 시작되도록요.

윤: 구체적으로 어떤 방식으로 의지를 강화시키나요?

오롯: 예를 들어 도시재생지원센터에서는 주민이용 공간, 주민들이 실제 쓸 공간을 염두에 두고 만든다는 점으로 동기부여를 하고요. 학교라면 동아리방처럼 학생들의 니즈가 높으면서도 인테리어 회사에 맡기기에는 어려운 아이디어를 반영한 특이한 공간들을 더 시도할 수 있죠. 실제로 "오락실처럼 만들고 싶다" 같은 바람이 기획으로 나온 적도 있고요.

물론 상상 그대로 구현하는 건 어렵지만, "여러분이 하고 싶은 게 무엇이냐?"를 계속 질문하면서 본인들이 만족할 수준까지 설득해나가는 과정과 함께 동기부여를 합니다. 즉, 시공 DIT 워크숍에 들어갈 때부터가 아니라 기획 단계에서 이미 커뮤니티 디자인이 시작되죠.

윤: 실제 재미있는 변화가 일어나고 큰 이벤트가 이루어지는 건 DIT 워크숍이 진행되는 3일간이지만, 이미 DIT가 기획되는 시점부터 DIT는 시작된다! 기획회의 때부터 본격적인 커뮤니티 디자인이 스타트된다!

오롯: 기대를 충족시키기 위한 준비도 철저히 합니다. DIT는 일반적인 인테리어와는 다르게 돈을 쓰는 주체와 참여 주체가 다르잖아요? 이 사이를 어떻게 조율해가느냐도 커뮤니티 디자인의 영역 안에

들어가요. 예산은 일반 공사처럼 들어가는데 기술 수준이 천차만별인 참여자들의 DIY로 진행해야 하고, 또 주민들이 해낼 수 있는 수준에서 결과물을 도출해야 하는데 이 갭이 생각보다 엄청 크거든요. 결국 그 간극을 DIT를 주관한 팀에서 맞춰야 하죠. 그러다 보니 워크숍은 3~4일로 끝나지만 완성을 위해 전문가들이 마무리 짓는 시간과 예산도 따로 확보해야 합니다.

즉, 2박 3일에서 3박 4일로 DIT 일정을 제시했지만, 전체 시공 일정은 일주일 이상으로 잡습니다. DIT 워크숍 비중도 전체 공정의 3분의 1일 정도로 잡는 게 이상적이라고 생각합니다.

윤: DIT 워크숍 당일은 몇 시부터 일정이 시작될까요?

오롯: 일반적인 일과 시간과 동일하게 9시부터 6시까지가 전체적인 프로그램 일정입니다. 전일제 워크숍 형태인데, 그보다 조금 더 일찍 모여 다 함께 준비 운동을 하고 1일 차 일과를 설명합니다.

시공교육도 치밀하게 준비하지만, 중간중간 커뮤니티 네트워킹 프로그램을 넣어 계속 동기부여를 하고요. 이 모든 것들이 하나의 축제 느낌을 내서 계속 즐겁게 참여하도록 목표치는 조금 낮추고, 대신 결과물들이 좋게 나오도록 시공팀을 구성해 백업합니다.

통상 1일 차 9시에는 오리엔테이션을 합니다. 첫날 오전이니 사업 설명이나 기획팀, 시공팀을 소개하고, 어떤 참여자들이 모였는지도 설명합니다. 혼자 오신 분도 있고, 여러 명이 함께 온 경우도 있는데, 설레는 마음과 불안한 마음이 함께 있기 때문에 분위기를 부드럽게 끌어주면서 간단하게 대화하는 시간을 많이 가져요.

오전에는 주로 큰 소리가 나는 장비들을 어떻게 하면 안전하게 다루는지 시범으로 보여드리기도 하죠. 오리엔테이션을 한두 시간 진행하고 본격적인 시공은 오후에 해요. 정리해 설명하면, 1일 차 오전에는 전체적인 분위기를 봅니다.

참여자들이 장비를 한 번도 다뤄보지 않은 사람 위주일 때도 있고, DIT를 즐거워하고 DIY를 계속해온 분들이 많을 때도 있어요. 모집 단계에서 미리 검토하고 어느 정도 복안을 가지고 시작하지만, 현장에서 융통성을 발휘해 조율하기도 하죠.

윤: 첫날 오전의 귀한 시간이 그렇게 쓰이는군요.

오롯: 이 시간이 정말 중요합니다. DIT는 관계성을 주기 위해 만들어진 프로그램이잖아요? 프로그램을 하고 나서도 자연스럽게 모임이

이어져서 계속 공간을 만들고 발전시켜 나가야 하기 때문에, 처음부터 시공으로 바로 들어가기보다 함께하는 사람과의 관계를 형성시키는 일에 주안점을 두고 그 수단으로서 시공을 활용합니다. 레크리에이션 프로그램에서 하는 아이스브레이킹처럼 "이번 2박 3일 재밌겠다!" 하는 분위기를 내는 거죠.

또, 의욕이 넘치시는 분은 혼자 앞서서 작업하시거든요. 그분들에게는 공동 작업에 대한 이해를 시키면서 "나 혼자 이 공간을 뛰어나게 만들어야지"가 아니라 관계성 도모가 더 중요하며, 자신의 실력이 뛰어나다면 다른 분을 옆에서 도와주라고 계속 주문합니다.

윤: 첫날 오전 프로그램이 끝난 후의 점심시간도 궁금합니다.

오롯: 요즘 코로나19 때문에 삼삼오오 하는 식사를 권하지만, 꼭 코로나19가 아니더라도 저는 삼삼오오 먹는 걸 더 추천합니다. 20명 정도 모집했다면 5인 1조, 총 4조 정도로 분리하죠. 조별로 밥을 먹는데, 참여자들의 성향을 미리 파악해서 조마다 리더십 있는 분들을 자연스럽게 배치합니다.

보통 식사할 때 부드러운 얘기들을 나누잖아요. "어디서 왔어요?"

같은 질문이나 사적인 얘기들이 오가죠. 그렇게 관계가 형성되고 나서 오후에 들어가는 DIT는 분위기도 훨씬 좋습니다. 물론 중간에 조를 섞기도 하지만, 기본적으로 조별 작업이 계속 진행되니까요.

윤: 오후 작업을 고려하면 식단도 중요하고, 빨리 먹고 정리해야 첫째 날의 성과도 날 것 같은데요.

오롯: 보통 도시락을 준비해 빠르게 먹습니다. 사전조사 과정에서 참여자들의 취향을 체크하는 것도 중요합니다. 식사는 가리는 음식, 알레르기 여부, 비건 등을 파악해서 준비합니다. 참여자들이 불편함

없이 영양을 섭취하고, 오후에 육체적인 일을 해야 하기 때문에 사전 한 달 동안 이런 조사까지 치밀하게 하죠!

겉으로는 행사 자체만 넓게 보면 될 것 같고, 시공만 신경 쓰면 될 것 같지만, 보이지 않는 많은 사람의 협업이 필요해요. 전체적으로 한두 명의 시공교육자가 20명 정도는 교육할 수 있을 것 같지만, 실제로는 참여자 4~5명당 한 명의 시공자와 그 밖에 안전을 통제하는 스태프들도 필요하고요.

첫째 날 오후 프로그램은 미리 짜둔 공간 기획에 따라 진행하는데, 저는 공간에서 쓰는 최소 기술들을 '도장, 목공, 타일, 전기' 네 부류로 나눠서 진행합니다. 참여자들이 더 배우고 싶어 하는 분야가 있다면 사이사이에 껴서 진행하고요.

또, 첫째 날 가장 먼저 하는 일은 밑 작업이에요. 주로 건조 시간이 필요한 페인트칠을 하거나 목공교육을 먼저 하는 편인데요. DIT의 목적을 반영한 디자인이 어떻게 나오느냐에 따라 작업 순서와 중요도가 정해져요. 테이블이나 가구가 들어가는 게 주인 DIT도 있고, 오랫동안 비어있던 유휴 공간을 써보려는 경우에는 전체적인 공간 페인팅부터 조명 작업까지 진행해야 해요. 선후 관계가 있는 시공들도 있죠. 그러니까 꼭 첫째 날은 목공과 페인트를 해야 한다는 건 아닙니다. 통상적으로 전체적으로 다듬는 목공 작업들을 먼저 시작할 뿐이죠. 작업 순서는 해당 공간 디자인에 따라 정해집니다.

윤: 장비를 처음 접하시는 분은 사용법을 잘 모르실 수도 있기 때문에 교육 시간이 오래 걸릴 것 같아요.

오롯: DIT에서 'DIY 시공교육'을 따로 분류해 표현하자면 시공교육은 해당 시공이 들어가기 직전에 진행합니다. 최대한 선명히 인식해 배우기 좋게끔 그때그때 모아 한 번에 교육하고, 과정을 진행하는 식으로 순서를 번갈아합니다. '교육 한 번, 시공 한 번', '교육 한 번, 시공 한 번' 이렇게요. 전체적인 프로그램 시간은 8시간 정도고요.

윤: 첫째 날 오후 1시에 식사를 마친다면, 오후 6시까지는 5시간 정도밖에 남지 않고, 그 5시간 안에 교육과 시공은 물론, 장비 반납과 현장 정리도 해야 하지 않나요?

오롯: 그렇죠. 프로그램의 끝은 장비가 다 정리되는 시간까지니까요. 특히 숙박을 겸하는 워크숍이다 보니 저녁 준비 시간도 필요하죠.

서울전자고등학교 빈 교실

학생들과 페인트 고르기

보통은 점심이 소화되는 1시 반 정도에 적절하게 준비 운동을 하고 본격적인 교육에 들어갑니다. 현장 상황에 따라 4시까지 시공을 마칠 수 있도록 교육과 작업을 진행해요. 그렇게 4시쯤 모든 작업을 마치고, 장비 정리를 다 같이 합니다.

전체 인원이 20명 정도 되기 때문에, 이미 목공을 해본 참여자가 있으면 부자재 가공속도가 빨라지면서 4시간 안에 기본 작업들이 굉장히 빨리 진행되기도 해요. 목공을 경험해본 사람이 없다면 조금 더디게 진행되고요.

첫날은 이렇게 관계 형성과 워밍업 위주로 프로그램이 흘러갑니다. 첫날 너무 과욕을 부려 참여자들을 지치게 하면 안 돼요. 자재도 나르고, 왔다 갔다 계속 서 있잖아요. 간단해 보이지만 힘들죠. 일과가 끝나면 다들 "안 힘들 줄 알았는데 몸이 좀 아프다"라고 말씀하세요. 그래서 다음 날 오전 프로그램에 요가나 스트레칭 시간을 따로 마련해 신체를 워밍업하는 시간도 배정합니다. 기획팀에서 이 모든 부분을 잘 준비해야 하죠!

윤: 첫날은 참여자분들에게도 중요하지만, 마스터들에게는 3일 안에 작업이 어느 정도까지 이루어질지를 가늠하는 굉장히 중요한 날

7장. DIT 워크숍 1일 차 145

사비 D스쿨

이겠군요! 첫날 일정이 끝나면 바로 해산하나요?

오롯: 아닙니다. 이제 본격적인 네트워킹이 시작되는데요. 보통은 밤새 음주를 곁들여 "왜 DIT에 참여했느냐?"부터 많은 대화를 나누죠. 몸을 쓰고 사람 만나는 걸 좋아하는 분들이 참여하지만, 아직 약간은 어색할 수 있거든요. 첫날 저녁 네트워킹 시간은 무조건 고려해야 해요. 첫째 날의 이 네트워킹 시간이 마지막 일정이 끝날 때까지의 분위기를 형성하는 관건이라고 보시면 됩니다!

❝ 프로그램을 하고 나서도 자연스럽게 모임이 이어져서 계속 공간을 만들고 발전시켜 나가야 하기 때문에, 처음부터 시공으로 바로 들어가기보다 함께하는 사람과의 관계를 형성시키는 일에 주안점을 두고 그 수단으로서 시공을 활용합니다. ❞

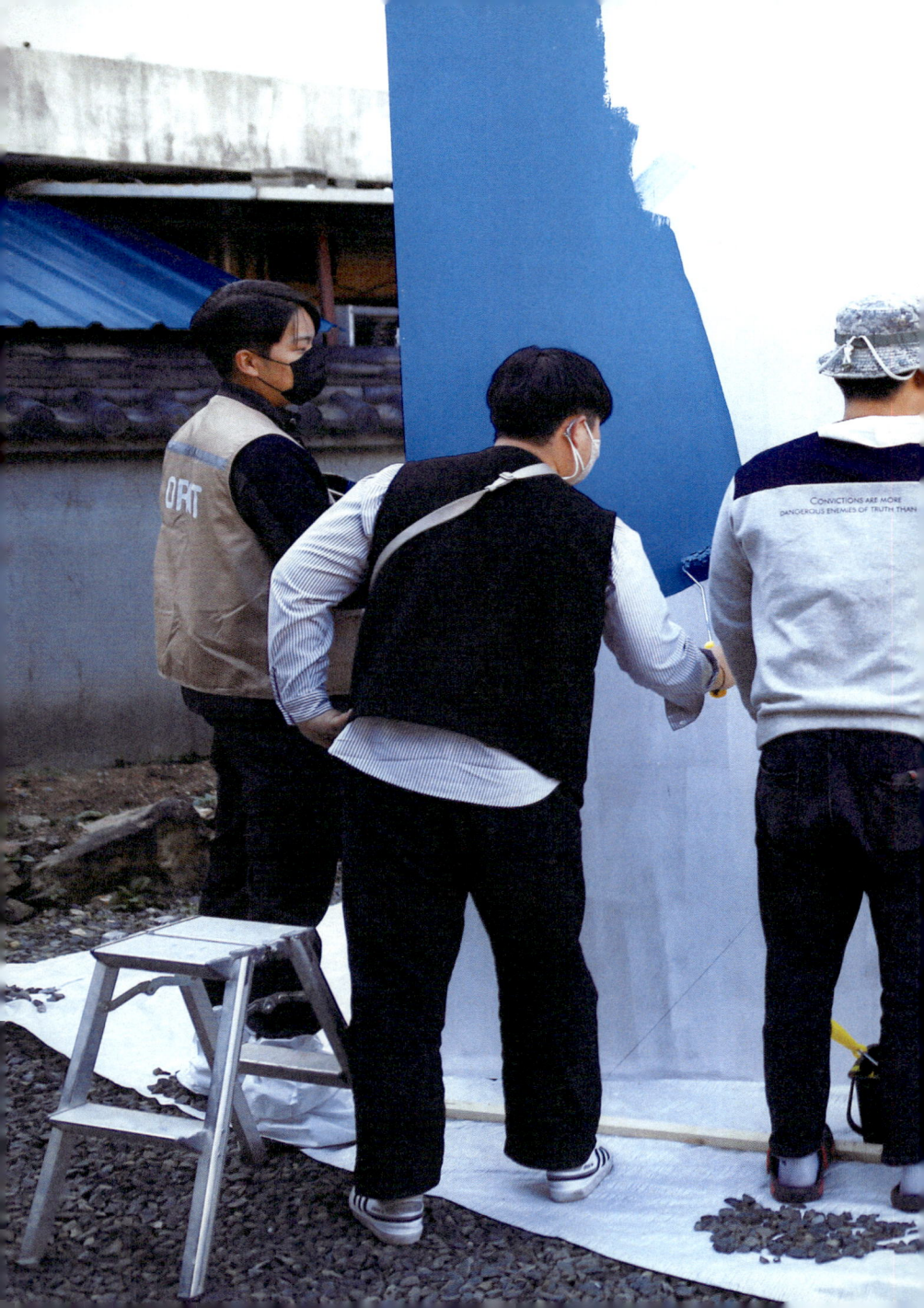

> 단순히 "이런 공간이 만들어지면 좋겠어"를 넘어서 사람들이 '동일하게' 배운 기술을 '동일하게' 쓰면서 공간이 만들어지는 데 적절한 DIT용 디자인이 나와야 합니다.

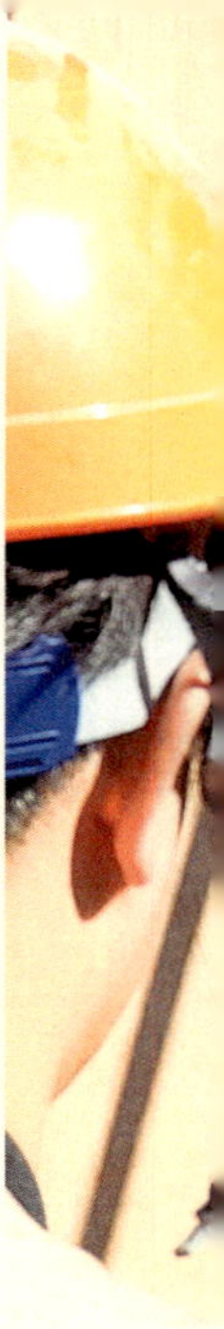

" 시공교육은 해당 시공이 들어가기 직전에 진행합니다.
최대한 선명히 인식해 배우기 좋게끔 그때그때 교육하고,
과정을 진행하는 식으로 순서를 번갈아합니다. "

김해 D스쿨

8장

DIT 워크숍의 마무리

윤: 첫째 날 저녁에 술도 한잔하면서 우의를 다진다고 말씀하셨는데 청년들의 농촌 봉사활동과 비슷한 패턴이에요.

처음 청년들이 마을에 도착하면 어르신들께 인사드리고, 이장님과 마을을 한 바퀴 둘러보면서 마을에 대한 설명을 듣죠. 가가호호 청년들이 일꾼으로 배치되면 고참 농부들이 그날의 미션과 작업요령부터 가르쳐 주잖아요? 해가 지면 먼 데서 와서 고생했다고 고기도 구워주시고, 술도 내오시면서 작은 마을 잔치가 열리고요.

오롯: 어떻게 보면 그렇습니다.

윤:　DIT 프로그램의 한 팀으로 들어가면 지역 내에서 봉사활동도 하고, 새로운 기술도 배우고, 팀워크도 다지는 등의 응용도 가능할 것 같아요. 만약에 지역에 스며들어야 하는 작은 기업이 있다고 가정하면요. 지역에서 필요로 하는 거점 공간을 만드는 DIT에 참여함으로써 마을과 하나가 되고, 지역을 배우고, 지역에 대한 봉사를 통해 주민들과 자발적으로 친해지면서 지역사회의 일원으로 인정받는 분위기를 만들 수도 있지 않을까요?

오롯: DIT의 종류나 방향성은 진행 목표와 공간을 누가 사용할 것이냐에 따라 정해지니 지금 말씀하신 부분까지 염두에 두고 그에 맞는 DIT에 참여하면 도움이 될 것 같습니다.

윤:　저녁때 단합을 위해 술도 마신다는 이야기를 들으니 깊이 있는 만남이 이루어진다는 기대감도 있지만, 음주가 너무 심해지면 다음 날 활동이 힘들어지지는 않을까요?

오롯: 분위기를 부드럽게 만들기 위한 정도의 음주로 조절하는 것도 주최 측의 역할입니다. 저의 경우 같이 어울려 적절히 마시도록 유도하면서 다음 날을 위한 파이팅을 하며 마무리합니다!

윤: 그렇게 DIT 둘째 날이 시작되겠군요. 요즘은 아침을 안 드시는 분이 많은데, 전날 몸을 쓰셔서 배도 고프고, 술도 먹었으니 해장하고 싶어 하는 분도 있겠죠?

오롯: 너무 무겁지 않으면서도 간단하게 드실 수 있는 음식을 준비해 놓습니다. 아침에 빵을 많이 드시는 분도 있고, 간단히 커피 한잔으로 시작하시는 분도 있고, 개인차가 심해 다 맞춰드릴 수는 없지만, 어느 정도 선에서 조사해 준비합니다. 요가 프로그램이나 스트레칭 시간 등 몸을 깨워주는 시간을 따로 마련하기 때문에 많은 분이 아침을 먹기도 하고요.

아침 6시부터 7시까지 자율일정으로 운동을 가르쳐줄 선생님을 섭외해서 희망자에 한해 별도의 몸풀기 프로그램을 진행합니다. 원래 운동을 해오던 분들도 계셔서 생각보다 많이 참여합니다.

수단으로서 시공이 들어가고 결과물도 뽑아내야 하지만, 일종의 워크숍이고 관계 형성이 중요하기 때문에 이 과정을 촘촘하고 섬세히 뒷받침할 준비들이 필요해요. 그래야 커뮤니티 디자인으로서 제 기능을 잘할 수 있죠.

8장. DIT 워크숍의 마무리

스트레칭 시간

윤: 이튿날도 9시부터 작업이 시작될 텐데 또 교육과 시공이 결합된 형태로 진행되나요?

오롯: 네, 계속 반복됩니다. 참여자들의 성향과 성격에 따라, 또 기술자의 참여 여부에 따라 속도에 큰 차이가 나요. 기술자들은 섬세하고 적절한 역할을 해야 하고, 동시에 커뮤니티 디자인을 해나가야 하죠. 조별로 진행하면 친하게 잘할 것 같지만 성격이 안 맞는다면 조를 섞어줘야 해요. 이런 개별상황을 주시하면서 디테일하게 완급을 조절합니다.

첫째 날 오후와 방식이 같아 보이지만, 중점이 다릅니다. 첫째 날은 관계 형성, 육체적으로 몸을 워밍업시키는 단계라 자재를 나르는 일이 주입니다. 무조건 시공을 시작하는 게 아니라, 자재를 현장까지 잘 나르고 준비하는 것부터가 시공에 상당히 큰 작용을 하거든요.

무거운 물건을 옮길 때는 혼자서는 불가능하기 때문에 협업을 하죠.

조별로 작은 자재를 나르는 일부터도 어떻게 하면 효율적으로 나를지를 토의하게 합니다. 좀 빠르게 나를 수 있었다거나 자재의 양이 적었다면 빨리 끝나 바로 시공으로 들어가기도 하지만, 짐을 나르는 과정에서의 관계 형성이 더 중요하기 때문에 첫째 날과 둘째 날의 포인트가 다르죠.

또, 첫째 날은 자재를 다루는 게 중점이긴 해도, 무리를 해서라도 작은 단계의 시공은 꼭 경험시키고 다음 날 일정으로 넘어갑니다. 참여자 입장에서는 "이제 좀 제대로 해보고 싶다" 할 때쯤 아쉽게도 딱 끊어지죠.

그러면 자연스럽게 저녁에 다음 날 뭐 할지에 대한 얘기도 나오고요. DIT는 기획부터 참여자들이 중심이 돼서 들어가기 때문에 중간중간의 네트워킹에서 나오는 의견에 따라 계획이 변경도 되고, 때에 따라서는 아예 다른 작업을 하기도 합니다. 참고로 작업하다 보면 자재를 손상시킬 수도 있기 때문에 자재는 충분하게 준비를 해놓습니다.

둘째 날은 시공에 대한 이론교육을 더 세부적으로 진행합니다. 빔 프로젝터를 설치해 실제로 다른 인테리어를 할 때도 도움이 되도록 컬러 선정부터 목재 선정까지, DIY 실습을 넘어서 나중에 또 다른 공간을 만들어내는 데 필요한 교육도 진행하죠.

또, 공간기획 워크숍이 끝난 뒤 DIT 마스터가 필요한 목재를 선정했을 거잖아요? 왜 이 목재를 선정했는지, 재료로 쓰이는 다른 목재들에는 무엇이 있는지를 알려드리죠. 사용 가능한 목재나 페인트 종류가 너무 다양해서 공부가 필요하거든요.

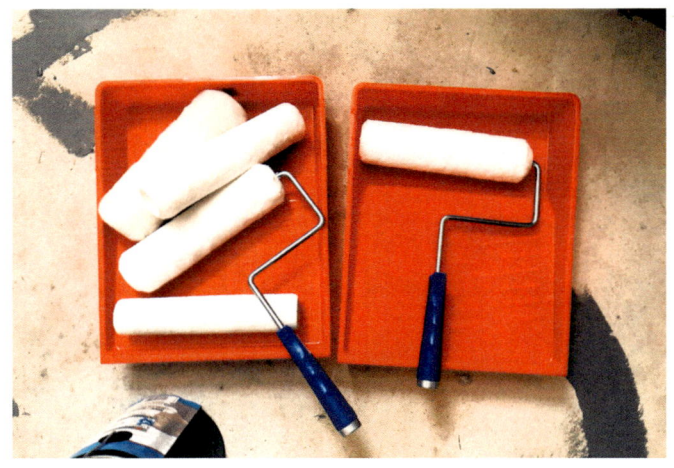

이론교육을 하다 보면 오전이 거의 지나가지만, 시행착오를 줄여주고 동기부여를 강하게 하는 유익한 시간이 되도록 합니다. 이론교육만으로 끝나는 게 아니라 실습을 병행해 템포를 빠르게 가져가고요.

그러면서도 목표치는 너무 높이지 말아야 합니다. 지나치게 높은 목표치로 사람들이 지치지 않도록 배려합니다.

윤: 두 번째 날은 본격적으로 시공을 해나가는 날이라 시공의 재미를 느끼는 쪽으로 분위기가 흐르는군요? 점심시간은 전날과 동일할 테고, 오후에는 어떻게 프로그램이 진행되나요?

오롯: 목공 장비를 처음 다뤄보는 분이라면 기계의 소리나 회전, 진동이 무서워 주저하기도 합니다. 그런데 일단 첫날에 기계를 다뤄봤잖아요? 둘째 날이 되면 참여자들끼리 서로 친해지며 조끼리 자연스럽게 섞이는 분위기가 생기니까 장비를 잘 다루는 분들이 처음 다루는 분 곁에 다가가 도와주기도 하고 사용법을 가르쳐주는 식으로 발전합니다.

분위기에 맞춰 편성했던 조가 자연스럽게 역할 분담형으로 재편되죠. 나는 체력이 좀 약하지만 칠하는 건 잘하니까 칠하는 작업 위주, 나는 힘이 세고 만들기를 좋아하니까 목공 위주, 이런 식으로 자연스럽게 분담됩니다. 만약 성격이 소극적인 분, 참여하고 싶은 마음은 굴뚝같으나 주저하는 분이 있다면 제가 빨리 눈치채서 즐겁게 할 수 있는 임무를 정해드려요. 그런 마음은 표정이나 눈빛에 드러나서 조금만 섬세하게 관찰하면 발견할 수 있거든요.

자연스럽게 말을 걸며 전담마크하고, 익숙해질 때까지 훈련시켜 드립니다. 이런 점이 일반적인 시공기술자가 아닌 DIT 마스터가 따로 필요한 이유입니다. 기술자면서 교육자이기도 하고, 그러면서도 조직을 어우러지게 만드는 역할도 하는 커뮤니티 디자이너여야 하죠.

윤: 공동체에 대한 애정과 활동가 기질, 인간에 대한 따뜻한 사랑이 어우러진 사람만이 할 수 있는 특수 직종이 아닌가 하는 생각이 드네요.

오롯: DIT 마스터를 맡아 하면서 보람을 느끼는 이유는 DIT가 관계성으로 이루어져 있으면서 또 다른 가능성들을 향해 계속 나아가기 때문이 아닐까 해요.

윤: 둘째 날 저녁에는 아무래도 피곤해서 회포를 풀기 어렵겠죠?

오롯: 실은 둘째 날이 더 불타오릅니다. 이제 진도도 어느 정도 나갔고, 손들도 조금씩 빨라져서 할 말들도 많죠. 이 정도 템포면 잘 끝날 것 같다는 생각들을 하시거든요. 또 다음 날은 마지막 날로, 끝나면

8장. DIT 워크숍의 마무리

" DIT 마스터는 기술자면서 교육자이기도 하고,
조직을 어우러지게 만드는 역할도 하는 커뮤니티 디자이너입니다. "

돌아가야 하잖아요! 3박 4일 워크숍인 경우에도 하루 정도 여유가 있는 둘째 날이 제일 불타오르죠.

이때쯤 숨기고 있던 이력들도 슬슬 나와요. DIY 자격증이 있는 분도 있고, 지역에서 DIT를 하고 있거나, DIT를 배우러 왔다거나, 이런 행사에 한 10번 참여했다는 분도 있고, 목수도 계세요. 첫날은 좀 뒤에 빠져 계시다가, 같이 즐기려고 하시는 거죠. 첫날 불안해서 술을 못 마시던 분들도 적극적으로 가세해 분위기가 계속 달아오릅니다.

윤: 그러면 DIT 마스터 입장에서는 숙련자와 비숙련자가 함께하도록 또 조를 변경한다든가 진도가 느린 조는 진도를 빼게끔 또 한

번의 조정을 하시겠네요?

오롯: 저의 노하우랄까요? 작업지시를 하듯 임무를 주는 게 아니라 부드럽게 네트워킹해 나갑니다. 숙련자분께 "A님이 조금 주저하는데 선생님이 전담교사처럼 같이 작업해주실 수 있나요?" 이렇게 여쭤보죠. 대부분 "좋죠!" 하는 분위기가 됩니다.

윤: 그렇게 불타는 두 번째 밤을 보내고, 이제 셋째 날 아침이 옵니다. 어떤 분들은 또 아침 6시에 요가를 하시겠죠? 아침 식사를 한 후, 2일 차와 비슷하지만 좀 더 친해진 느낌으로 어김없이 9시에 현장에 집합하실 겁니다. 그런데 3일 차에는 최종 결과물을 만들어내고 정리, 철수까지 해야 하기 때문에 아침부터 다급할 것 같습니다.

오롯: 이미 서로 어떤 사람인지도 대충 알고, 몸 쓰는 일을 함께 했기 때문에 많이 친해져 있죠. 그래서 3일 차에는 조금 더 부드러운 분위기로 마무리를 향해 갑니다.

아마 기획자들이 더 다급할 거라고 상상하시겠지만, 실은 참여자들이 더 다급해요. '이거 다 못 끝내면 어떡하지?' 생각하니 손도 점점 빨라지고, 자신감이 붙은 상태이기도 해서 3일 차 정도면 작업이 상

당히 빠르게 진행됩니다. 깜짝 놀랄 정도로 일사불란하게 움직여요. DIT 마스터나 기획팀이 안전통제만 해도 될 정도로 익숙해지죠. 제일 연장자인 분이 전체 통제에 나서거나, 손재주가 없다고 뒤로 빼시는 분들은 간식 준비 등 지원업무에 집중하시고요. 누구는 돌아다니며 예쁘게 참여자들의 사진도 찍어주고, 자연스럽게 3일 만에 각자의 역할과 커뮤니티가 형성되죠.

윤: 공동체를 돕고 가꾸는 일을 한다는 점에서 DIT가 커뮤니티 디자인에 굉장히 좋은 장치, 수단이 될 수 있다는 생각이 듭니다. 그래서 계속 커뮤니티 디자인과 시공이 결합된 형태의 DIT를 강조하셨군요!

오롯: DIT를 말할 때 저는 크게 두 가지 장점을 얘기해요. 힘쓰고 땀 흘리면서 같이 고생하는 일이기 때문에 전우애 같은 것이 형성된다고 보고요. 또 하나는 결과물이 명확하다는 거죠. 그냥 공동체 프로그램에 참여했고 "일 끝났으니 안녕!"이 아니라, 형성된 '우리'라는 관계 속에 같이 만든 결과물이 남죠.

윤: 3일째가 되면 DIT 마스터가 재촉하지 않아도 알아서 돌아간다고 하시지만, 그래도 점심시간 이후로는 조금 다급할 것 같습니다.

오롯: 기획 단계에서부터 치밀해야 하는 게 이 부분이에요. 참여자마다 기술 격차도 심하고, 행사 중간에 급한 일이 생겨 외부로 나갔다가 재참여가 늦어지는 분도 있거든요. 즉, 목표치는 설정하되 변수도 고려해야만 해요. 모두가 즐겁자고 하는 일인데 마음이 급해지면 서로 예민해져요.

그래서 "괜찮다, 여기까지만 해도 충분하다"라는 분위기를 만들고 속도도 조절해줍니다. "손은 빨라지되, 마음은 즐겁게!" 만약 의자나 테이블을 다섯 개 만들기로 했는데 네 개밖에 못 만들었을 수도 있죠. 반대로 너무 빨리 끝났다면 여유 자재를 살펴보고 하나 더 만들어보라고 주문하기도 합니다.

윤: 셋째 날 오후 3~4시 경이면 전체적인 마무리를 지어야 하죠?

오롯: 보통 4시 마무리를 목표로 3시 반부터 정리합니다. 그래야 단체 사진 찍을 여유도 있고, 즐거운 마음으로 돌아가요. 아침 일찍 일어나 분주한 하루였기에 3시 정도면 마무리를 짓겠다고 생각합니다.

DIT 결과물이 자기들의 작품이기도 하니까, 참여자분들이 직접 칠한 의자, 테이블에 애착을 많이 가져요. 작업물들 앞에서 기뻐할 시

❝ 그냥 공동체 프로그램에 참여했고 "일 끝났으니 안녕!"이 아니라, 형성된 '우리'라는 관계 속에 같이 만든 결과물이 남죠. ❞

사비 D스쿨 단체사진

간을 갖게 해드리죠. 마지막에 굉장히 즐거운 분위기에서 찍는 단체 사진 촬영도 중요하고요!

윤: 그렇게 즐거운 시간은 마무리되지만, 여전히 미완성된 공간은 남겠네요…. 공식적인 DIT 워크숍은 3일로 미완의 종결을 맞이하고, DIT 참여자들이 사라지면 나머지 작업은 남은 전문가 집단에게 돌아가죠? 그럼 보통 야간작업으로 마무리 작업이 연결이 되나요?

오롯: 사실 워크숍이 진행될 때, 전문 시공팀들은 일과가 끝난 이후로도 따로 빠져서 야간작업을 많이 해요. 워크숍이 끝난 직후에는 혹시 만들어진 작업물에서 안전 문제가 발생하지는 않을지 점검하고요. 어설픈 작업 탓에 못이나 핀이 튀어나와 있을 수도 있어요. 삐뚤빼뚤하다거나 예쁘지 않은 건 괜찮지만, 안전상의 문제는 위험하니까요.

조명 작업을 했다면 거기에도 실수가 없는지 면밀하게 살펴요. 합선이나 누전 위험 때문에 배선 작업은 시키지 않지만 만전을 기해요. 혹시라도 DIT 과정 속에 배선 작업이 포함된다면 반드시 전기를 다룰 수 있는 전문가가 작업하게 하고, 참여자들은 시범식 교육에 참여한 것처럼 눈으로만 배우게 하죠.

8장. DIT 워크숍의 마무리

일정을 어떻게 짜느냐에 따라 마무리 작업 일정에 차이가 있는데 잠시 휴식하기도 합니다. 푹 쉰 다음 남은 기간을 어떻게 활용해 끝내고, 어디까지 마무리 지을지를 고민합니다.

윤: 빠르면 공식적인 DIT가 끝난 당일 밤 안으로 모든 게 완성되고, 좀 늦어지더라도 하루 이틀 더 작업하면 마무리되겠네요.

오롯: 참여하는 전문 시공자들은 최초 기획 시 어느 선까지의 작업을 마무리로 볼 것인지도 생각합니다. 인테리어 회사에 맡기는 기준으로 따지면 DIT 쪽이 훨씬 예산이 많이 들어가기 때문에, 작업 완료 기준을 미리 조율해두는 게 1순위에요. 그 후 전문가들이 최대한 지치지 않도록, 이틀 정도의 시간을 안배해 마무리합니다.

윤: 일정별로 DIT 워크숍을 짚어보니 전체 기획을 하고, 세부 계획을 짜고, 예산을 수립하는 것까지 만만치 않은 일이라는 생각이 들었습니다. 우리가 일반적으로 아는 시공회사가 주문을 받아 용역 형태로 DIT를 수행한다면 이와는 다른 시각으로 진행할 것 같아요. 한마디로, 일반 건설회사나 시공회사는 이런 일을 못 할 것 같아요.

오롯: DIT도 반복하다 보면 나름의 틀이 생기기 때문에 익숙해지기

는 하는데, 생각보다 잦은 회의와 의견 조율이 필요합니다. 그렇기 때문에 커뮤니티 디자인에 대한 이해도가 떨어지면 감당하기 힘들죠. 앞서 말했듯, 실제로 일반적인 시공회사들과 협업해보려고 대화도 많이 나눠봤는데 참여자들을 대상으로 기술을 나누는 것에 대한 필요성, 당위성부터 못 느끼니까요. 반대로 커뮤니티 디자인 하시는 분들이 시공을 배워서라도 이 일을 해보고 싶어 하죠.

〈오롯컴퍼니〉가 실시하는 DIT 프로그램은 지역에서 DIT를 통한 관계 형성을 계속 해나가고 싶어 하는 기관이나 조직을 중심으로 기술을 이전해 드리는 것에 가까운 일종의 시범식 교육입니다. 따라서 저희에게 용역 형태로 일을 주실 때는 시공비와 기술 이전비를 합친 예산을 편성해 맡기십니다.

윤: '워크숍 교육 프로그램' 형태로 표출되는 이유군요.

오롯: DIT 프로그램 노하우를 몇 개 더 공개해보면, 앞서 계속 동기부여를 강조했잖아요? 그 이유가 DIT는 참여자가 직접 의뢰하는 형태가 아니라 도시재생지원센터나 고등학교 같은 기관에서 많이 의뢰하거든요. 그러면 의뢰한 기관들을 통해 참여자가 모이기 때문에 그 시점부터 기획과 내용을 공유하면서 구성원들의 동기부여가 잘

되게끔 가능한 재량하에 조직화를 잘해야 합니다. 참석자 간의 성향을 적절히 잘 섞어 최대한 마찰이 없게끔 조를 잘 짜는 것부터가 DIT의 시작입니다.

그다음 생활응용 측면도 고려해야 해요. 그래서 DIT 워크숍 중에 리폼 교육도 많이 제공하죠. 조명이 필요하면 예쁜 조명 기구를 몇 개 사서 편하게 달아도 되지만, 종이컵을 활용해 만든 갓등을 단다든가, 버려지는 것들을 되살려내는 리폼, 업사이클링 요소를 넣어 참여자가 "여기서 배운 걸 집에 가서 적용해 봐야겠다" 할 수 있는 장치도 만들어둡니다.

❝ DIT 마스터를 맡아 하면서 보람을 느끼는 이유는 DIT가 관계성으로 이루어져 있으면서 또 다른 가능성들을 향해 계속 나아가기 때문이 아닐까 해요. ❞

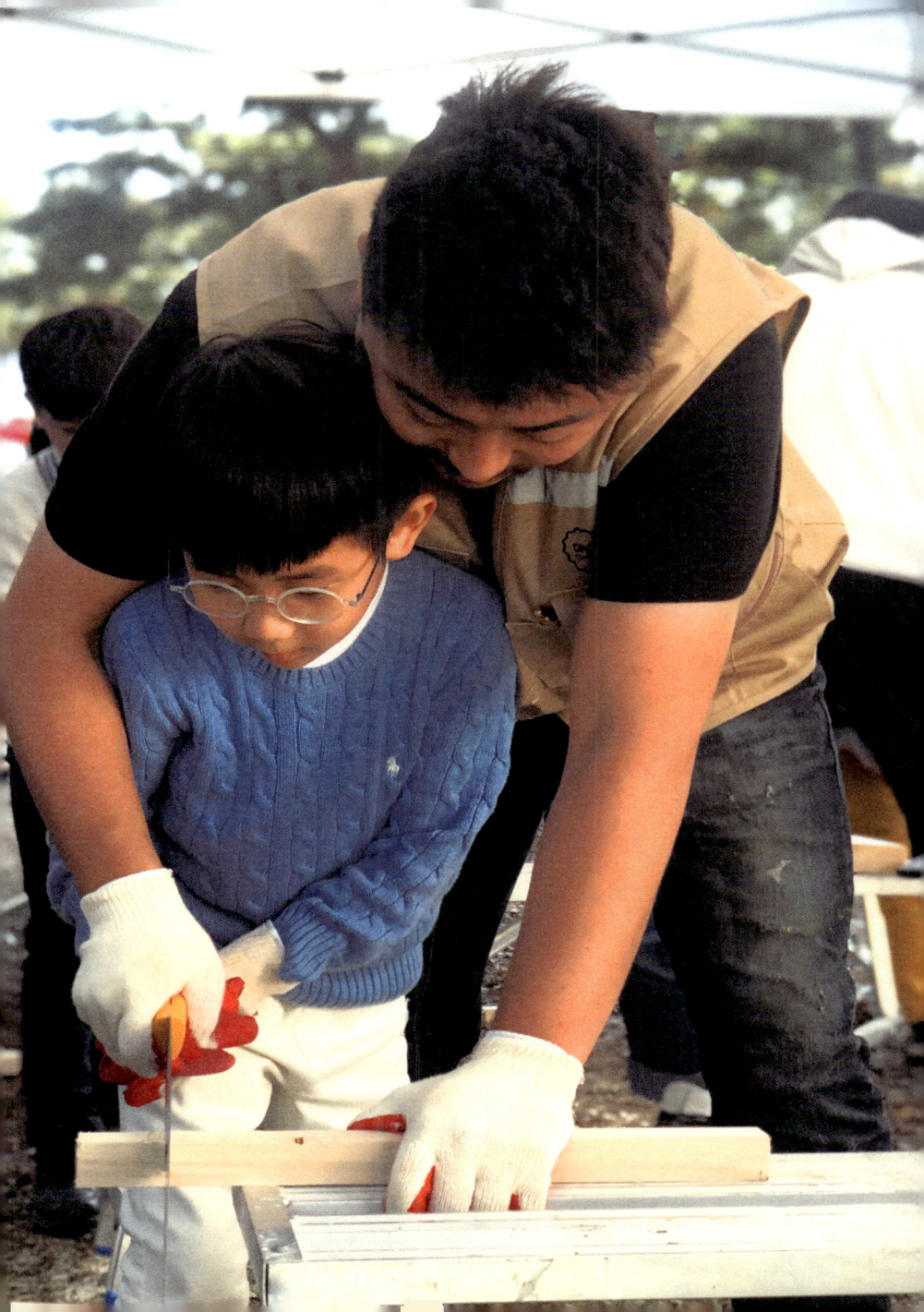

9장

'자원순환창고' 모델로
DIT의 순환을 기획하다

윤: DIT 이야기를 나누다 보니 행정지원의 중요성이 크게 느껴집니다. 제가 군대 군수계원 출신인데요. 여러 제반 상황을 가정해 부대원들을 먹이고 입히고 재우는 전투근무지원 계획을 세웠거든요. DIT에서 각 사람의 체질까지 고려해 식사를 준비한다는 이야기에서 갑자기 군 시절이 떠올랐습니다.

DIT를 통해 공간을 만들어내려면 기본적으로 인력, 장비, 자재가 필요할 텐데, 제가 군수계원이었던 때도 그 부분을 지원하기 위해 '공급실'이라 부르는 군수물자창고가 있었거든요? 창고 안에 여러 가지 물품을 보관해놨다가 필요할 때 꺼내 사용하게 해주고, 훈련 나갔다

들어오면 장비나 비품의 수량을 확인한 후 정비해 다시 보관하고요.

분명히 DIT도 진행 후 남는 자재가 있을 테죠. 앞서 파손을 감안해 자재는 넉넉하게 준비한다는 말씀도 하셨고요. DIT를 위해 따로 구매한 장비도 있겠죠? 이런 남겨진 것을 <u>어디에 어떻게 보관할 것인지의 문제</u>도 궁금해요.

오롯: 정말 사소하지만 먹이고 입히고 재우는 부분을 어떻게 준비하느냐에 따라 참여자분들이 감동을 느끼는 중요 포인트가 만들어지거든요. 특히 식사 관련해 비건이나 알레르기 조사를 철저히 해야 하는데, 일반적으로 "고기처럼 다들 맛있어하는 음식을 주면 좋아하겠지" 생각하기 쉽지만 참여자들의 2박 3일 경험이 괴롭지 않도록 만드는 게 가장 중요합니다. 즉, 각자의 기호가 아닌 특수한 상황을 파악하는 게 중요해요. 어떤 사람이 더 원하는 부분이나 좋아하는 것을 물어보는 게 아니라, 서로가 불편하지 않기 위해 조사를 하는 거죠.

예로 코골이가 심한 분이 있어요. 본인이 타인에게 피해를 주는 것이 미안해서 같이 어울릴 때도 소극적이거든요. 숙소를 배정할 때 주변 소음 상관없이 잘 잔다는 사람과 엮어주거나, 때에 따라서는 혼자

주무시게 하는 것도 고려해요. 모집 단계에서 이런 부분을 잘 파악하면 나중에 소요가 일어날 일이 없죠.

남는 자재에 관해서는 조금 다른 대답을 드리게 되는데요…. 저도 이 일의 지속가능성을 위해 필요한 공간 산출을 해본 적이 있어요. 자원이 버려지지 않고 순환하는 쓸모를 갖추기 위한 대규모의 창고형 공간이 필요했고, 그 적합한 대안으로 '자원순환창고'를 떠올렸습니다. DIT가 하나의 프로그램이라면, 이 창고형 공간은 DIT가 필요한 순간을 만들기 위한 전체적인 그림에 해당합니다. 〈이케아〉나 〈트레이더스〉, 〈코스트코〉를 떠올리면 감이 오실 거예요.

일단 지역 내에 유휴 공간을 쓸모 있게 만들려는 분위기가 필요해요. DIT 교육을 아무리 잘하더라도 정작 작업을 못하는 경우가 많은데, 이유는 단순해요. 20여 명의 인원이 사용할 장비를 한 자리에 모으지 못해서예요. "장비만 있으면 집도 지을 수 있는데!"라고 말씀하시는 분도 있어요. 그래서 공공의 영역에서 장비를 맡아주거나 렌탈, 또는 교육해주는 메이커스페이스 성격의 거점 공간 모델이 필요하다고 생각합니다.

9장. '자원순환창고' 모델로 DIT의 순환을 기획하다

창고형 리빌딩센터

부처마다 조금씩 다르긴 하지만 비슷한 지원사업들이 있어요. 저는 그런 지원사업들을 총망라한 모델로 자원순환창고를 고안해 봤습니다. 어떻게 보면 자원순환창고는 지금 '새활용센터'라고 많이 부르는 업사이클링센터를 확대한 개념이에요. 평소 관심이 없어서 그렇지 리폼 공간을 구상하는 곳이 꽤 많아요. 근데 그냥 공간 운영을 위탁받은 업체가 리폼 후 판매하는 활동으로 그치는데, 저는 여기에 DIT 교육 프로그램을 접목하면 접촉 가능한 주민층이 더 넓어진다고 보는 거죠.

윤: 지금 말씀하시는 자원순환창고 모델은 새활용센터에 더해 메이커스페이스 기능까지 하는 공간이네요? 자원순환창고는 임의로 붙이신 명칭인가요?

오롯: 크게 자원순환창고, 메이커스페이스, 커뮤니티 공간 세 가지가 복합화된 개념입니다. '자원순환창고'라는 명칭은 요즘 많이 쓰이는 '자원순환'이라는 용어에 창고 개념을 더해 제가 만든 말이에요. 일반인에게도 이런 명칭이 목적성을 더 명확하게 전달할 것 같아서요.

윤: 그런 형태면 면적도 넓고 층고도 높아야 할 것 같아요. 지역에서 그런 공간을 마련하기 쉽지 않을 텐데, 농촌을 지나가다 보면 거

대한 창고였다가 지금은 버려진 곳들이 간간이 눈에 띄던데요?

오롯: 실제로 업사이클링과 DIT의 요구가 많은 곳도 농어촌 지역입니다. 근데 시공은 기술과 일하는 센스, 미적 재능이 복합적으로 필요한 분야라 청년의 역할이 많이 필요해요. 국가 차원에서 도시재생과는 별도로 '청년마을 만들기' 등을 통해 어떻게 하면 청년을 농어촌 지역으로 이동시키고 원래의 주민들과 연결할 수 있을까를 고민하는데, 저는 DIT 프로그램이 그런 지역 사회 내부의 좋은 매개체가 될 수 있다고 생각해요.

따라서 자원순환창고 공간을 구상할 때 기존에 있던 창고를 이용해 공장형으로 만들어보면 어떨까 생각했습니다. 공업단지 안에 있는 창고형 공장이나 농촌의 쌀 창고들이 제가 구상 중인 자원순환창고와 규모가 비슷해서 그런 공간들을 염두에 두며 구체화했습니다.

윤: 혹시 도시 내에서는 비슷한 예가 없을까요?

오롯: 수도권에서도 지자체들이 업사이클링센터나 재활용센터는 운영하고 있어요. 센터의 유휴 공간이나 부지를 전시 공간으로 이용하기도 하죠. 하지만 주민 참여를 목적으로 나아가면서 계속해서 DIT

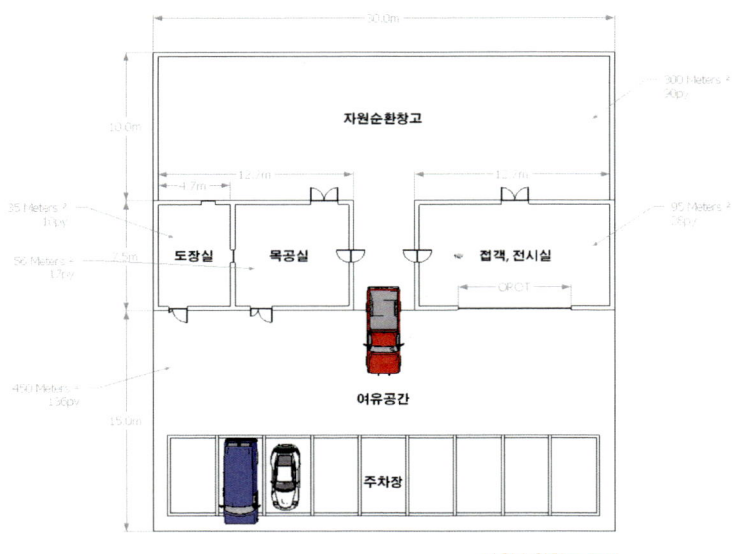

자원순환창고 도면

문화가 제대로 만들어지도록 노력해야 한다고 생각하는데, 그러려면 무엇보다 시공교육이 강화돼야 합니다.

윤: 밖으로 티가 안 나서 그렇지 지역의 작은 목공방에 가보면 나무로 뭔가를 만들어보고 싶은 분들이 정말 많이 모여 있어요. 공방 사장님의 지도 아래 장비 사용법이나 자재, 설계를 배우죠. 최신식 장비를 갖춘 공방도 있고요. 살펴보면 숨은 지역 거점과 실력자들,

DIY 취미를 가진 분들이 분명히 있는데, 이런 인적 자원을 커뮤니티 매핑을 통해 발굴하면 좋지 않을까!

오롯: 앞서 자원순환창고랑 메이커스페이스는 제가 공공의 영역으로 생각하고 구상했기 때문에 부처나 지자체 자금으로 지역을 위해 공공성 있게 운영이 돼야 할 것이고요. 지금 말씀하신 것처럼 지역의 소규모 목공방, 페인트 가게 같은 곳과 긴밀하게 연결되어 중간지원조직처럼 작동하게 되면 바람직할 것이라고 생각해요. 공방 사장님들이나 수료생들이 강사도 되고, 어느 날엔 실제로 집들을 방문해 수리도 하는, 즉 그분들이 커뮤니티 디자인을 하고, 또 그분들의 비즈니스도 지속 가능하게 꾸릴 수 있는 사업들이 만들어지도록 유도해야겠죠.

윤: 메이커스페이스 공간이 지역 내 지역재생을 위한 거점 공간이 되면서 동시에 커뮤니티 공간도 되는 거네요. 서로 복합적으로 맞물려가며 자연스럽게 커뮤니티 디자인이 이루어지는 모습이 머릿속에서 그려집니다! 하지만 아직 이렇게 이상적으로 돌아가는 마을은 없는 것 같아요.

또한 최근 오세훈 시장이 기존에 서울시가 해왔던 서울형 도시재생에 퀘스천 마크를 던지면서 예산을 많이 축소하다 보니 도시재생지원센터의 코디네이터 정원이 줄기도 했죠. 결국 이런 식으로 간다면, 중간지원조직이나 관이 주도하던 재생에서 민간이 발 벗고 뛰어들고 관이 협조하는 형태로 가야 하는 게 아닐까, 그게 더 이상적인 지역재생이 아닐까 하는 생각도 들거든요?

오롯: 만약 도시재생 기반조성을 위한 예산이 100억에서 50억으로 준다면, 저는 그래도 된다고 생각해요. 대신 수행 인력 쪽에 더 좋은 자원이 들어오게끔 도시재생을 위해 지출되는 인건비는 더 늘어나야 한다고 생각합니다. 여태까지의 도시재생을 제가 부정하는 게 아니라 더 많은 투자가 일어나야 한다고 생각하고, 예산은 전체적으로 줄어들어도 이런 일들을 지속가능하게 해주는 교육 프로그램은 더 필요하다고 생각해요.

윤: 기존 도시재생이 현장지원센터가 주도하는 방식으로 주민들에게 설명하고 조직화를 이루는 거였다면, 이제는 주민이 적극적으로 나서서 "우리 마을에 필요한 것은 우리가 만들자!" 하는 형태의 DIY 문화가 더 활성화될 필요가 있지 않으냐는 말씀이시네요.

그렇게 되면 지역의 행정, 구청이든 동사무소든, 면이나 읍사무소, 도시재생지원센터든, 마을공동체센터를 비롯한 다른 여타의 조직,

아니면 그냥 민간이 모여 만든 사설 그룹들에서도 발 벗고 나설 거라는 생각이 듭니다. 자연스럽게 DIT 마스터들이 전국적으로 뻗어 나가고, 이분들의 네트워킹을 통해 다시 DIT 문화가 아름답게 성숙해가는 선순환이 일어나면 좋겠다는 생각이 드네요!

오롯: 좋든 나쁘든 새로 지어지는 건물이 있을 테고, 그 이면에는 못 지어지는 건물도 있죠. 재개발이 해제되거나 장기화 됐을 때 여전히 그 안에서 살아가는 사람들이 있고요. 그럴 때 DIT는 더 힘을 발하죠. 인테리어를 하기도 안 하기도 애매할 때, 주민들끼리 모여 좀 더 잘 살 수 있도록 바꿔나가는 거죠. 저는 서울, 수도권에서도 이 모델이 굉장히 중요하다고 생각하고, 필요한 곳에서 잘 진행되도록 자원순환창고와 이를 운영할 수 있는 전문 인력이 배치돼야 한다고 생각합니다.

저층 주거지의 도시재생을 보면 대부분 집수리가 중요하다고 생각하긴 하지만, 그 부분을 용역이나 단순 교육 프로그램으로만 진행해온 것이 지금까지 도시재생지원센터의 분위기입니다. 상상해보세요. 만약 센터 안에 집수리 전문가가 상주한다면, 더 자연스럽게 필요한 공동체를 형성할 수 있겠죠. '집수리 코디네이터'라고 부를 수도 있는 전문 인력들이 많이 활동하도록 계속해서 공론을 만들어가고 있습니다!

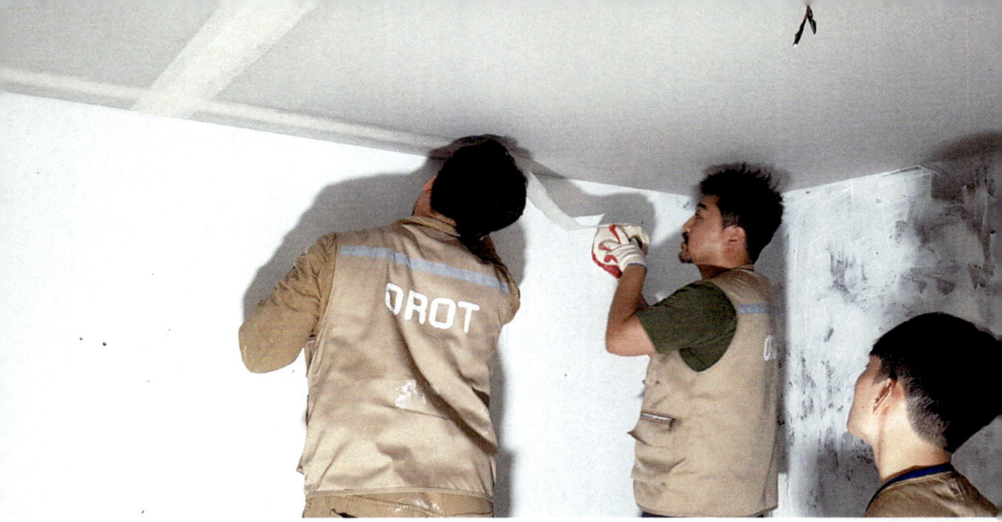
DROT

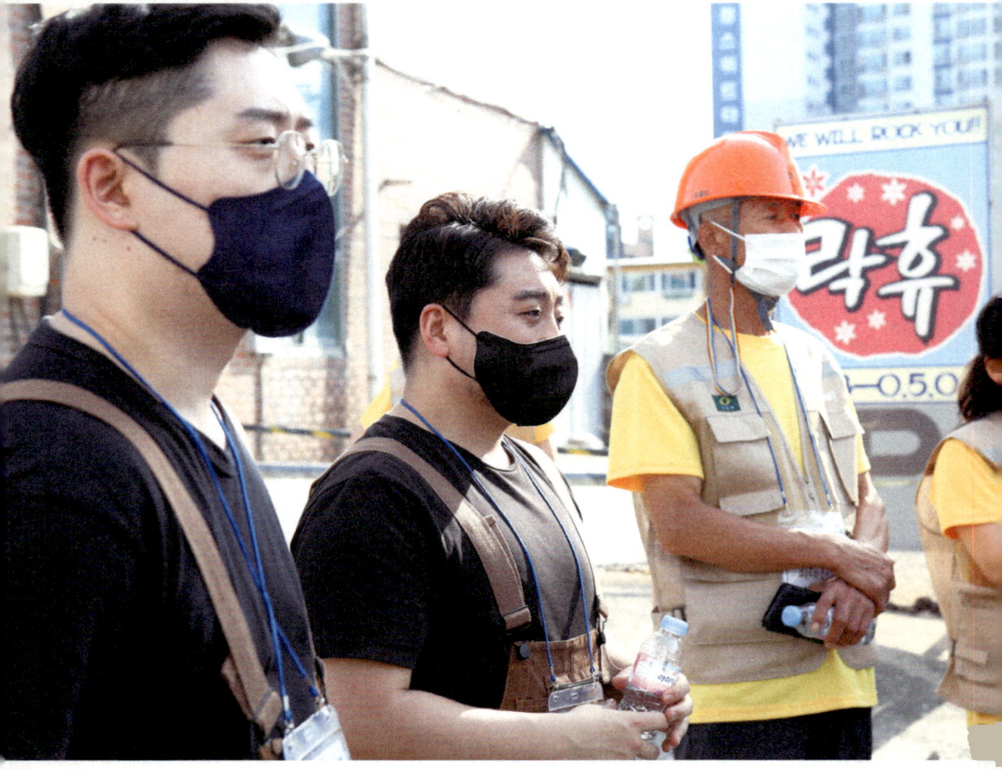

" 주민들끼리 모여 좀 더 잘 살 수 있도록 바꿔나가는 DIT 모델이 필요한 곳에서 잘 진행되도록 자원순환창고와 이를 운영할 전문 인력이 배치돼야 한다고 생각합니다.

만약 센터 안에 집수리 전문가가 상주한다면, 더 자연스럽게 필요한 공동체를 형성할 수 있겠죠. "

" 공공의 영역에서 장비를 맡아주거나 렌탈, 또는 교육해주는 메이커 스페이스 성격의 거점 공간 모델이 필요하다고 생각합니다.

국가 차원에서 도시재생과는 별도로 '청년마을 만들기' 등을 통해 어떻게 하면 청년을 농어촌 지역으로 이동시키고 원래의 주민들과 연결할 수 있을까를 고민하는데, 저는 DIT 프로그램이 그런 지역사회 내부의 좋은 매개체가 될 수 있다고 생각해요. "

<에필로그>

 책을 쓰자고 말한 지도 어느덧 1년이 다 되어간다. 윤준식 편집장과는 스타트업 대표와 언론사 대표로 만나 그간 형, 동생 하는 사이가 되었다. 관계는 사적으로도 공적으로도 급진전되어 이제는 전략 기획을 수립할 때 빠져서는 안 되는 중추 참모 역할을 해주고 있다.

 '진짜 책을 쓸 수 있을까?'

 말은 내가 했다지만, 그 마음을 끄집어낸 것은 준식이 형이었다. 크고 작은 업무에 치여 포기하고 싶은 순간에도 러닝메이트로 함께하며 다독여주었고, 덕분에 마지막 순간에는 번개 치듯 집중력을 발휘해 책을 완성할 수 있었다.

 언제나 그렇듯 끝은 아쉽다.
 담고 싶던 많은 것을 시간을 핑계로, 여건을 핑계로 다음으로 남겨둔다.

책의 초고를 읽자니 가슴 한편이 뭉클했다.
짧은 내용이지만, 이 안에 담긴 스토리는 지난 5년의 시간이며, 세월이다.
가설을 세우고 증명하기까지 많은 예산과 시간이 투여됐고, 많은 이들의 노고도 함께했다. 그렇게 울고 웃었던 긴 시간이 이처럼 짧은 글로 만들어지니 섭섭하기도 하다. 아직 갈 길이 멀다.

이 책의 후속으로 만들어질 'DIT 세부 매뉴얼'에서는 DIY 장비와 시공법을 자세히 다루고, DIT 사례도 더 풍부하게 담아볼 요량이다.

이 계기로 여기저기 다양한 방식의 자립 공간이 생기고, DIY, DIT 문화가 잘 꽃피기를 기원한다. 나는 언제든지 그곳으로 가서 공동체와 의미를 함께하고 그 필요성을 널리 알리는 작업을 할 테다.

마지막으로 이 이야기를 꼭 하고 싶다. 이 책에 담긴 이야기는 오랫동안 함께했던 동료들의 땀이다.
김병조, 강승천, 이동현, 윤준식, 진심으로 고맙습니다.

홍천 D스쿨 – 다 함께 DIT!